美味
素食

段晓猛◎编著

MEIWEI SUSHI

简易 美味 营养 健康 让你"厨"类拔萃 "食"来运转

中国建材工业出版社

图书在版编目（CIP）数据

美味素食 / 段晓猛编著. -- 北京 : 中国建材工业
出版社，2016.3
（小菜一碟系列丛书）
ISBN 978-7-5160-1393-9

Ⅰ．①美… Ⅱ．①段… Ⅲ．①素菜－菜谱 Ⅳ.
①TS972.123

中国版本图书馆CIP数据核字(2016)第044383号

美味素食

段晓猛　编著

出版发行：中国建材工业出版社
地　　址：北京市海淀区三里河路1号
邮　　编：100044
经　　销：全国各地新华书店
印　　刷：北京盛兰兄弟印刷装订有限公司
开　　本：720mm×1000mm　1/16
印　　张：10
字　　数：158千字
版　　次：2016年4月第1版
印　　次：2016年4月第1次印刷
定　　价：32.80元

本社网址：www.jccbs.com.cn　微信公众号：zgjcgycbs

PREFACE

前言

现代社会中，素食者越来越多，素食人群也日趋年轻化。素食主义不再是一种宗教和教条，选择素食只是选择了一种有益于自身健康、尊重其他生命、爱护环境、合乎自然规律的饮食习惯，素食已经逐渐成为符合时代潮流的生活方式。据营养学家、医学家研究证明，素食者比非素食者更能长寿。因为素食者比肉食者所摄取的动物脂肪少，一般体重较轻，可有效地减少赘肉，减轻自身器官的负担。素食者血液中所含的胆固醇比肉食者要少，血液中胆固醇含量如果太多，则往往会造成血管阻塞，是高血压、心脑血管病等病症的主因。植物性蛋白质通常比动物性蛋白质更易于储存，素食者可减少毒腐食物的入侵，更易于保障身体健康。

选择素食为主，就是选择健康！本书精选了200多道素食食谱，您可以"照着葫芦画瓢"烹制出一道道营养美"胃"的餐饮，尽情地享受健康带来的快乐！

contents

目录

Part 1 素食宜于健康

002 选择素食，选择健康

Part 2 蔬果篇

Part 3 豆菌藻篇

Part 4 蛋奶篇

Part 1 素食宜于健康

选择素食，选择健康

为什么选择素食？这个问题看起来很好回答，可是真正回答的时候，往往不能把其内涵完全表达出来。我们之所以选择素食，并不是出于特定的外部原因，而是遵从于我们内心最直接的感受。

很多人吃素后，感觉身体很舒服，比如轻松、轻盈、不上火等，就像累了几天的人美美地睡了一觉，这种感受是由内而外的。

那么，素食还有哪些好处？你都知道吗？除了被很多女性所热衷的减肥瘦身外，素食所能给予我们的好处有很多。

瘦身减肥

很多明星都是素食主义者或半素食主义者，小部分原因是信仰、环保或其他原因，绝大部分都是为了瘦身和养生。

我们最常吃的素食是蔬菜，热量非常低。即使搭配主食，也能让我们健康减肥不反弹。而且，它们的润肠效果很好，排出体内毒素的作用显著。

豆类及其制品的热量不高，能为人体补充足够的蛋白质。蛋、奶及其制品中，蛋类、奶类本身热量不高，但加工后的面包、饼干、奶酪都是热量很高的食物。以土豆为原料制作成的薯条、薯片等由于经过油炸，也含有很高的热量。如果想要减肥，就要尽量避免这些食物。

美容养颜

吃素还能让人漂亮，最明显的就是皮肤会很细致，而且有弹性。素食中普遍含有的矿物质、膳食纤维能清除血液中的毒素，帮助在代谢过程中的皮肤输送充足的养分，使其组织细致，富有光泽。

需要注意的是，不要认为吃素就是补充维生素而购买各种补充剂。在日常饮食中补充营养是最健康的方式，额外的补充反而会对身体造成危害。如果对自己的身体状况有些担心，积极和医生沟通，改变生活方式、饮食方式很有必要。从饮食中摄取营养不足的人，如老人、儿童、孕妇、偏食者、一些疾病的患者等特定人群，需要在专业医师的指导下，根据具体情况服用补充剂，并遵循适量、均衡的原则。

减轻身体负担

素食中的蔬菜大多含有丰富的膳食纤维，能促进消化，不会长时间滞留在体内。而动物性食物需要身体相当长的时间进行吸收，这会加重肠胃的消化负担。

而且，动物性食物中往往含有很多毒素。养殖环境、饲料喂养、常用药品、运输过程、加工过程、保存过程等各个环节中的疏忽，都有可能导致动物性食物被污染。我们购买的时候，仅凭肉眼是无法辨别的。选择值得信赖的品牌、新鲜的食物与正确的处理方式和烹饪方式，都很重要。

对于不是素食主义者的人群来说，胃部不适、消化不良、便秘等症状出现时，可以多吃素，以调节身体状态，让身体充满活力。

降低癌症发病率

吃素能治愈癌症？这种说法并不科学，但人们相信"吃素能治愈癌症"是有一定原因的。美国科学家在1993~1999年间的调查中发现，素食者比肉食者恶性肿瘤的发生概率低。常见的癌症，如直肠癌，它的产生和动物性食物的摄入量有很强的关联性，有大量的数据可以证明这点。

但我们不能以偏概全，夸大素食的功效。常吃素食可以预防直肠癌的产生，但已经患有直肠癌的患者吃素重在缓解症状，而不是吃素就一定能治愈癌症，现在科学尚未有明确证据证明它们之间存在必然的因果联系。

预防心脑血管疾病

我们知道，胆固醇分为两种：一种是低密度脂蛋白胆固醇，是我们常说的坏胆固醇；另一种是高密度脂蛋白胆固醇，不但无害，反而有益，是我们常说的好胆固醇。

低密度脂蛋白胆固醇的升高和脂肪摄入量过多有很大的关系，适当素食就可以避免这一原因引起的心脑血管疾病。素食中的豆类及其制品含有丰富的卵磷脂，可以促进血液循环，预防动脉硬化、高血压、心脏病等心脑血管疾病。而芹菜、洋葱、海带、木耳、绿豆等有降压、镇静等作用，是高血压患者食谱中的常见食物。

此外，吸烟、喝酒也会引起低密度脂蛋白胆固醇升高。坚持素食的同时，也要保持健康的生活习惯，这样才能取得最佳效果。

Part 2 蔬果篇

西红柿烧冬瓜

🦫 原料

西红柿400克，冬瓜200克。

🍴 调料

味精1克，食盐、葱花各2克。

🥄 制作方法

1. 将西红柿洗净，去皮，切成薄片；冬瓜去皮，去瓤，洗净，切成薄片。
2. 油锅烧热，放入冬瓜略炒至透明状，放入西红柿和水略煮至熟。
3. 最后加食盐、味精调味，出锅时撒入葱花即成。

小提示

西红柿烧冬瓜
● 具有改善血糖水平、降低体内胆固醇、降血脂、防止动脉硬化等作用。

香菇炒荷兰豆
● 具有抗菌消炎、增强新陈代谢的功效。

🦫 原料

荷兰豆300克，香菇8～10朵，姜1块，葱1根。

🍴 调料

蚝油1汤匙，食盐、料酒各1茶匙，白糖、味精、香油各少许，水淀粉适量。

🥄 制作方法

1. 荷兰豆洗净掰成段；香菇浸水泡发切片；葱、姜均匀切末；将荷兰豆入沸水稍微焯一下，沥干水分。
2. 蚝油烧热，放入荷兰豆、香菇煸炒，加入食盐、料酒、白糖、味精、葱末、姜末翻炒，用水淀粉勾薄芡，淋入香油即可。

香菇炒荷兰豆

地三鲜

🍚 原料

茄子200克，土豆1个约200克，柿子椒2个约100克。

🍴 调料

蒜蓉10克，食盐、白糖、味精各少许，酱油15克，水淀粉、料酒各适量。

🥄 制作方法

① 茄子洗净，去柄，去皮，切成滚刀块；土豆洗净去皮，也切成滚刀块，放入清水中浸泡5分钟；柿子椒去蒂及籽，洗净，切片。

② 炒锅倒油烧热，将土豆块放入油炸约2分钟，再放入茄子，炸至金黄色，捞出控油。

③ 锅重置火上，留少量油烧热，爆香蒜蓉，加入适量水、料酒、酱油、食盐、茄子、土豆、柿子椒片、味精，大火烧约1分钟后，用水淀粉勾芡即可。

小提示

地三鲜
● 含有丰富的维生素及钙、钾等微量元素，易于消化吸收，营养丰富。且含大量淀粉以及蛋白质、B族维生素、维生素C等，能促进脾胃的消化功能。

糖醋卷心菜

🍲 原料

卷心菜400克。

🍴 调料

油、白糖、葱、食盐、醋、干辣椒各适量。

🥄 制作方法

1. 卷心菜清洗干净，葱切葱花。
2. 卷心菜用刀切开两半，然后用手掰成大块，切小片。
3. 热锅凉油放入干辣椒，小火焙至有些糊的感觉。
4. 放入葱花炝锅。
5. 放入卷心菜大火翻炒。
6. 待卷心菜都裹上油，放入白糖和食盐，大火继续煸炒。
7. 烹入适量的醋，翻炒均匀即可出锅。

小提示

糖醋卷心菜
● 卷心菜有杀菌、消炎的作用。可增进食欲，促进消化预防便秘，提高人体免疫力，预防感冒。

菠菜花生米

🍲 原料

菠菜300克，花生米150克。

🍴 调料

糖少许、食盐、蒜、香油、生抽、米醋各适量。

🥄 制作方法

① 花生米放入锅中用小火炸香炸熟，晾凉备用，蒜切末儿。

② 锅中放水，放少许植物油和盐，菠菜放到沸水中焯熟，再放入凉水中过凉，沥干水分。

③ 菠菜切断儿，加生抽、米醋、白糖、食盐、蒜末儿、香油调拌均匀，再撒入花生米搅拌均匀即可。

小提示

菠菜花生米
● 含丰富的维生素及矿物质，可以促进人体的生长发育。 ⬆

香芹豆干
● 预防心血管疾病，保护心脏，补充钙质。 ⬇

香芹豆干

🍲 原料

芹菜200克，豆腐干150克，胡萝卜1根。

🍴 调料

油、鸡精、葱末、食盐各适量。

🥄 制作方法

① 芹菜切段（芹菜的叶和茎分开），豆腐干片切成条，胡萝卜洗净，切条。

② 在锅里放入油，油热后将葱末和豆腐干放进锅中翻炒一会儿，再放芹菜和胡萝卜条翻炒两分钟，加鸡精、食盐调味后出锅。

粉丝拌菠菜

🦋 原料

菠菜150克，粉丝200克，小葱1根，红辣椒1个，芝麻少许。

🍴 调料

香油、食盐、味精各适量。

🥘 制作方法

1. 菠菜洗净，放在沸水中稍微烫一下马上捞出过凉水，切长段备用；粉丝用热水泡透，沥去水分备用；小葱洗净切成葱末；红辣椒洗净切成块。

2. 将备用好的菠菜、粉丝、葱末、红辣椒块放入碗中，调入食盐、味精、香油拌匀，撒上芝麻即可。

小提示

粉丝拌菠菜
● 菠菜含有丰富的胡萝卜素、维生素C、维生素E、钙、磷、铁等有益成分。　⬆

香辣苦瓜
● 提高免疫力，是病毒性肝炎的特效药。　⬇

香辣苦瓜

🦋 原料

苦瓜200克，鲜红辣椒约50克。

🍴 调料

香油、食盐各适量，味精少许。

🥘 制作方法

1. 苦瓜洗净剖开，去内瓤及籽，切片，入沸水中略焯，捞出过凉，沥干盛盘；红辣椒洗净切条。

2. 锅置火上，倒入香油烧热，放入红辣椒条爆香，制成辣椒油。

3. 将辣椒油及辣椒浇在苦瓜片上，加入食盐、味精拌匀即可。

韭菜拌核桃仁

原料

核桃15个，韭菜50克，红辣椒1个。

调料

香油、食盐适量。

制作方法

1. 红辣椒洗净，切丝。
2. 将核桃一一钳碎，剥出核桃仁，洗净。
3. 倒入开水浸泡几分钟，待浸泡核桃的水颜色变深，略浑浊，捞出核桃仁在冷水中反复清洗。
4. 此时核桃仁的外衣会变得很好撕，全部去除，露出洁白的核桃仁。
5. 韭菜洗净充分甩干水分，切成寸段和核桃仁、红椒丝放在一起。
6. 依次加入适量的食盐和香油，充分拌匀即可食用。

小提示

韭菜拌核桃仁
● 韭菜含有大量维生素和粗纤维，能增进胃肠蠕动，治疗便秘，故韭菜叶被称为"洗肠草"。

长豆角烧紫茄

🍲 原料

茄子1根，长豆角1把。

🍴 调料

食盐、蒜、白糖、植物油、姜、红辣椒、美极鲜味汁各适量。

🥘 制作方法

1. 茄子切长条，姜切丝、蒜切片，红辣椒切成小圆圈。
2. 长豆角洗净切长段，锅中水开后放入豆角，水再次沸腾约一两分钟后捞起。
3. 锅中放油，加热至高温时倒入茄子条，过一下油。
4. 茄子盛起，锅中留少许底油，下蒜片、姜丝、辣椒圈煸炒出香味。
5. 倒入茄子和豆角，加入适量食盐、白糖和美极鲜味汁炒匀。
6. 加一勺水，盖上锅盖焖一会，烧至汁快收干时即可。

小提示

长豆角烧紫茄
● 防止微血管破裂，使小血管保持正常功能。紫茄子皮对高血压、动脉硬化、咯血、紫斑及坏血病患者均有一定防治作用。

泡椒西葫芦

🥘 原料

西葫芦1根，泡椒3个。

🍴 调料

食盐3克，味精、白糖各适量，姜末、蒜末少许。

🍳 制作方法

1. 西葫芦洗净，切成大概3毫米宽的片，再改刀成丝。
2. 锅里放入油，中火热油，先放泡椒丝下去炒15秒，再下姜末、蒜末炒香。
3. 转中高火，下西葫芦丝，放入食盐炒到稍微有点变软即可出锅。

小提示

泡椒西葫芦
● 有润泽肌肤的作用。

蚝油蒜蓉生菜
● 含有丰富的碳水化合物，较少的蛋白质，几乎不含脂肪。

蚝油蒜蓉生菜

🥘 原料

生菜1斤，胡萝卜丝少许。

🍴 调料

蚝油2汤匙，蒜头3粒，生油1汤匙。

🍳 制作方法

1. 将生菜洗干净，用盐水泡半小时（去除农药）。
2. 蒜头剁成蒜蓉。
3. 烧开水，放进生菜烫至变青绿色，捞起，沥去水分。
4. 油倒入热锅，放进蒜蓉爆香，加进蚝油翻炒几下。
5. 将做好的生菜装好碟，把爆香的蒜蓉蚝油淋在菜面上。
6. 吃的时候，用筷子拌匀，放点胡萝卜丝即可。

🍲 原料

西蓝花1棵约500克，红大辣椒1个。

🍴 调料

食盐1/2茶匙，水淀粉1汤匙，蒜2瓣。

🍳 制作方法

1. 将西蓝花用手掰开，清洗干净。西蓝花柄也不要扔掉，去皮切块一起烧。
2. 红大辣椒切片，蒜切蓉。
3. 锅中放水，烧开，加入一点盐和植物油，放入西蓝花汆烫几秒钟，稍微变色了立刻捞出。
4. 锅里面放植物油，6成热，放入蒜蓉、红椒片爆炒出香味，放入西蓝花翻炒。
5. 快熟时倒入水淀粉和盐，再放入红椒片搅拌均匀即可。

小提示

蒜蓉西蓝花
● 含有丰富的抗坏血酸，能增强肝脏的解毒能力，提高机体免疫力。

蒜蓉西蓝花

黑木耳炒山药

原料

水发黑木耳100克，山药150克，胡萝卜10克，葱丝、姜丝、蒜片各5克。

调料

食盐、味精适量。

制作方法

1. 将山药去皮切片；胡萝卜洗将切丝，黑木耳用水泡开后洗净，用手撕成片。
2. 锅中热油，煸香葱姜丝、蒜片，依次加入山药片、黑木耳片、胡萝卜丝翻炒3分钟，加入食盐、味精调味即可。

糖醋黄瓜片

原料

黄瓜300克，红尖椒少许。

调料

食盐、白糖、白醋各适量。

制作方法

1. 先将黄瓜去籽洗净，切成薄片，用盐腌渍30分钟，红尖椒切圈。
2. 用冷开水洗去部分咸味，水控干，加食盐、白糖、醋腌1小时后撒点红尖椒圈即可。

小提示

黑木耳炒山药
● 具有清淡可口、健体补虚、益脑安神的作用。

糖醋黄瓜片
● 含有的葫芦素C可以提高人体免疫功能。

爽口茼蒿

原料

茼蒿250克，青葱50克，大蒜2瓣，干红辣椒25克。

调料

食盐3克，植物油2毫升，糖2克，香油2毫升。

制作方法

1. 茼蒿去掉根部，清洗干净后在清水中浸泡5分钟。大蒜压成蒜泥，辣椒剪成丝，青葱切花。
2. 锅中倒入清水，大火煮开后，放入1克食盐和植物油搅匀，放入茼蒿焯烫1分钟后捞出，立刻放入凉水中，然后捞出充分沥干水分。
3. 茼蒿切成8厘米长的段，放入容器里，加入蒜泥、葱花、辣椒丝、剩下的2克食盐、糖、香油拌匀后腌制10分钟，干辣椒的味道会微微有些析出即可。

小提示

爽口茼蒿
● 具有四种强化心脏的药效成分，它的香味是茼蒿特有的药效成分。

蒜蓉菜心
● 品质柔嫩，风味可口，营养丰富。

蒜蓉菜心

原料

菜心200克，大蒜2瓣。

调料

食盐、糖、味精、胡椒粉各适量。

制作方法

1. 菜心洗净，控干水分；大蒜剥好，剁成蒜蓉。
2. 锅中烧油，炒香蒜蓉，将菜心下锅炒，炒至菜心变软，加食盐、糖、味精、胡椒粉，翻炒均匀，即可出锅。

西芹百合

🍲 原料

西芹250克，鲜百合1头。

🍴 调料

蘑菇精、食盐、橄榄油、香油各适量。

🍳 制作方法

1. 芹菜摘去叶子，用水焯一下，破丝，切段，百合剥开一瓣瓣的，除去百合老衣。
2. 炒锅放橄榄油烧至七成热，放入焯好的芹菜，略翻炒，放百合。
3. 待百合边缘变透明，加食盐和蘑菇精，迅速翻炒至匀，淋少许香油，就可以出锅了。

小提示

西芹百合
● 百合洁白娇艳，鲜品富含黏液质及维生素，对皮肤细胞新陈代谢有益，常食百合，有一定美容作用。

韭菜炒小土豆

🥘 原料

土豆3颗，韭菜1小把。

🍴 调料

酱油、蚝油、糖、食盐、鸡精各适量。

🍳 制作方法

1. 韭菜洗净，切成小段。
2. 土豆去皮，切成块。
3. 油可以稍微多一点，防止粘锅，不粘锅可以少一点，油热下土豆，翻炒一会儿，至边缘金黄。
4. 加适量水闷五六分钟。
5. 水快要烧干时，加入韭菜继续翻炒。
6. 加入适量酱油、蚝油、糖，继续翻炒至土豆棱角边缘模糊，出锅前加少许食盐、鸡精即可。

> **小提示**
>
> 韭菜炒小土豆
> ● 具有美容护肤、减少皱纹的良好效果。

原料

土豆300克，红、青尖椒各2个约100克。

调料

食盐、醋各5克，花椒、白糖各少许。

制作方法

1. 土豆去皮，切丝，放入清水中泡去淀粉，炒前捞出沥干水分；红、青尖椒切丝。
2. 炒锅倒油烧热，下入花椒炸香，将土豆丝倒入爆炒，先加入醋，再放食盐和白糖炒匀。
3. 土豆丝将熟时放入尖椒丝，翻炒约2分钟即可出锅。

尖椒土豆丝

小提示

尖椒土豆丝
● 含有大量膳食纤维，能宽肠通便。

炝拌四丝
● 具有益气强身、滋肾养胃、活血等功效。

炝拌四丝

原料

黑木耳15克，莴苣100克，胡萝卜100克，海带50克。

调料

生抽、花椒、米醋各10克，食盐3克，蒜2瓣。

制作方法

1. 木耳泡发，切丝；莴苣去皮，切丝；胡萝卜洗净，切丝；海带洗净，切丝；分别切丝后焯水30秒钟捞出，过凉水，沥干，蒜切末备用。
2. 把以上四丝放入容器，放上蒜末。
3. 锅里放少许油烧热，放入花椒小火炸香，拣出花椒不要；油趁热倒在蒜末上，加生抽、食盐、米醋拌匀即可。

凉拌苦瓜

原料

苦瓜1根约250克。

调料

红大辣椒2个，蒜末1茶匙，花椒10粒，食盐、白糖各适量。

制作方法

1. 苦瓜洗净，切开，去掉中间的瓤，切成薄片；红大辣椒切成片。
2. 将切好的苦瓜片浸在凉水中，变成透明状时取出，控干水分后用食盐腌5分钟，再控干水分，拌入白糖，把蒜末撒在苦瓜片上。
3. 锅置火上，倒入油烧至五成热，放入花椒、红大辣椒片，慢火炸出香味，直接倒入苦瓜盘中拌匀即可。

小提示

凉拌苦瓜
● 具有清热消暑、养血益气、补肾健脾、滋肝明目等功效。

原料

红、绿大辣椒各250克。

调料

醋、白糖、酱油、料酒、豆豉酱各5克。

制作方法

1. 将红、绿大辣椒洗净，去蒂及籽切成段。
2. 将醋、白糖、酱油、料酒、豆豉酱拌匀成调味汁。
3. 锅烧热，投入大辣椒用小火干烧至表面出现斑点时盛出。
4. 锅内放入上述调料调成的调味汁煮开，再投入大辣椒稍焖约2分钟后出锅即可。

虎皮尖椒

小提示

虎皮尖椒
● 具有较强的解热镇痛作用。

松仁玉米
● 具有恢复青春、延缓衰老的功效。

松仁玉米

原料

玉米粒200克，熟松子仁75克，胡萝卜半根约100克。

调料

食盐5克，白糖10克，水淀粉15克，味精适量。

制作方法

1. 玉米粒洗净，胡萝卜洗净，切成和玉米粒相仿的丁，焯水，捞出控水。
2. 炒锅倒油烧热，放入玉米粒和胡萝卜丁翻炒，放食盐、白糖、味精炒匀。
3. 放入松子仁，搅拌均匀后用水淀粉勾芡即成。

黑木耳炒黄瓜

🍲 **原料**

黄瓜80克，黑木耳20克。

🍴 **调料**

高汤、葱适量，食盐10克，水淀粉、味精、香油各5克。

🍳 **制作方法**

1. 黑木耳用清水泡发，去杂质洗净，撕成小片；黄瓜洗净，去皮切片；葱切成葱花。

2. 锅置火上，放油烧热，放入葱花煸香，放入黄瓜、木耳片煸炒均匀。

3. 加入高汤、食盐、味精，翻炒至材料熟软入味，用水淀粉勾芡，淋入香油即可。

小提示

黑木耳炒黄瓜
● 预防多种老年疾病，延缓衰老。

油焖春笋
● 有助于胃酸的分泌和食物的消化，宜于治疗饮食积滞症。

油焖春笋

🍲 **原料**

春笋200克，大葱1根。

🍴 **调料**

酱油、白糖各30克，香油10克。

🍳 **制作方法**

1. 春笋洗净，去皮，笋肉对半切开，用刀拍松，改刀切成小块，大葱切段。

2. 炒锅倒油烧热，放入笋块炸至金黄色捞出，控油。

3. 原锅留少许油烧热，下笋块和大葱段翻炒，加酱油、白糖、开水，旺火烧开，加盖，小火焖10分钟，至春笋没有草涩味，待汤汁稠干时，加入香油炒匀即可。

藕片糯米

原料

糯米200克，莲藕150克。

调料

白糖、红糖各适量。

制作方法

1. 将糯米洗干净，泡入水中至少30分钟，然后沥干水分待用。
2. 小汤锅至中火上，倒入10毫升清水，将红糖压碎放入烧开的水中融化。直到红糖水变浓，然后倒入碗中和糯米混合均匀。
3. 藕切去两头，切下的藕头留着待用，将调好的糯米塞进藕孔中，要填紧，再将切下的藕头用牙签固定藕的两头，入笼用小火蒸1小时。
4. 蒸好的莲藕切成0.5厘米厚的片装盘，撒上白糖即成。

> **小提示**
>
> 藕片糯米
> ● 具有消炎和收敛的作用，改善肠胃疲劳。莲藕还含有黏蛋白的一种糖类蛋白质，能促进蛋白质和脂肪的消化，因此可以减轻肠胃负担。

凉拌藕丁

🐨 原料

藕1000克。

🍴 调料

油、生姜、料酒、香油、白糖、胡椒粉、盐、大蒜、生抽、香醋、干红椒、鸡精各适量。

🍳 制作方法

1. 藕去皮洗净切成小丁，干红辣椒切圈。
2. 生姜、大蒜切末备用。
3. 将切好的藕丁置于带盖容器中，加入两匙盐、姜蒜末，盖上盖子用手摇匀，放入冰箱冷藏腌制20~30分钟。
4. 将腌好的藕丁取出，倒掉腌出来的水分。
5. 将大蒜末置于碗中，加入一小匙生抽，一小勺料酒、两大勺香醋，两大勺香油，一小勺干红椒圈，两中勺白糖，适量鸡精和胡椒粉，搅拌均匀，调成味汁。
6. 将味汁倒入藕丁中。
7. 拌匀，再放入冰箱冷藏5~10分钟即可食用。

小提示

凉拌藕丁
- 有明显的补益气血、增强人体免疫力作用。

清炒三丝

原料

土豆200克，白萝卜150克，芹菜100克。

调料

花椒10粒，葱花、姜末各5克，醋5克，干红辣椒2个，味精、淀粉、盐各适量。

制作方法

1. 将土豆、白萝卜洗净，切丝；芹菜择洗干净，切丝，干红辣椒切圈。
2. 将切好的白萝卜丝、芹菜丝分别用沸水灼烫，用凉水过凉，控去水分备用。
3. 炒锅加油烧至四成热，放花椒炒香，花椒去掉，用葱、姜、干红辣椒圈炝锅，倒入土豆丝翻炒至8分熟，再下入白萝卜丝、芹菜丝用旺火翻炒，烹醋，加盐、味精，勾少许芡即可出锅。

小提示

清炒三丝
● 多食芹菜有利于安定情绪，消除烦躁。

酱烧春笋
● 有助于胃酸的分泌和食物的消化，宜于治疗饮食积滞症。

酱烧春笋

原料

春笋200克。

调料

蚝油10克，甜面酱5克，白糖、鸡精、麻油各适量。

制作方法

1. 将鲜春笋削去老皮，切成长条，再用刀面将笋段轻轻拍松，放入开水锅中汆烫一下；用水将甜面酱拌开制成鲜汤。
2. 炒锅放油，烧至五成热，放入笋段翻炒。
3. 放入鲜汤烧沸；汤汁快收干时，放入调味料炒匀。

姜炒脆藕

🥢 原料

鲜藕300克，子姜20克，泡椒(青、红各一半)10克。

🍴 调料

白糖、香油各1茶匙，植物油、盐适量，味精少许。

🍲 制作方法

1. 将鲜藕冲洗干净削皮，去掉藕节，切成薄片，放入糖水中浸泡10分钟左右，捞出来沥干水分备用。
2. 将姜洗净，切成细块备用。泡椒切成碎丁备用。
3. 锅内加入植物油烧热，放入藕片用大火快炒1~2分钟，放入姜、泡椒丁，略炒几下，加入味精、盐，淋入香油，翻炒几下，即可出锅。

小提示

姜炒脆藕
● 具有通便止泻、健脾开胃、止血散瘀等功效。

香辣茭白

🥘 原料

茭白300克，长豆角200克。

🍴 调料

红辣椒适量，食盐10克，酱油10克，白糖、水淀粉各5克，味精、高汤各少许。

🥄 制作方法

1. 茭白削去外皮，洗净，切滚刀块；红辣椒去蒂及籽，洗净，切段，长豆角、香菜择洗干净，切段。
2. 炒锅倒油烧热，放入茭白炸1分钟左右，捞出控油；锅中留少许底油，再次放入控过油的茭白；加入长豆角段、辣椒段、酱油、食盐、白糖、高汤，用小火烧约1分钟。
3. 倒入水淀粉、味精炒匀，即可。

小提示

香辣茭白
- 可清热通便、除烦解酒。

什锦大拌菜
- 含有丰富的维生素C，维生素C更是最主要的抗氧化物质。

什锦大拌菜

🥘 原料

紫甘蓝2片，彩椒1个，生菜1/2棵。

🍴 调料

白糖、香油、食盐、醋各适量。

🥄 制作方法

1. 各种蔬菜洗净，沥干水分备用。
2. 调味料放小锅，煮开不断搅拌，至冒大泡，关火放凉，制好糖醋汁备用。
3. 各种蔬菜用手掰开约2厘米见方的块，加香油拌匀。
4. 加入熬好的糖醋汁拌匀即可。

蒜泥茄子

原料

茄子300克，大蒜1头。

调料

香油2滴，食盐1茶匙，白糖5克，味精2克。

制作方法

1. 茄子去蒂、削皮，切大片，入蒸锅中蒸熟烂，取出放凉。
2. 大蒜去皮拍碎，加少许盐捣成蒜泥，放碗内，加入白糖、香油、味精和食盐，拌匀成调味汁。
3. 将调味汁浇在放凉的茄子上，食用时拌匀即可。

小提示

蒜泥茄子
● 含有维生素E，有防止出血和抗衰老功能。

芹菜拌花生仁
● 含有丰富的维生素及矿物质，可以促进人体的生长发育。

芹菜拌花生仁

原料

花生仁100克，芹菜200克。

调料

盐、味精、白糖、醋、花椒油、植物油各适量。

制作方法

1. 将锅中放入水烧热，放入花生仁煮熟捞出；芹菜洗净，切段，放沸水锅中焯一下捞出，用凉开水过凉，再控净水分。
2. 将芹菜段均匀地码在盘中央，花生仁堆放在芹菜周围，将盐、白糖、味精、醋、花椒油放在小碗中调好，食用时浇在芹菜上拌匀即可。

苦瓜炒山药

🦞 原料

山药1根，苦瓜1根，红青椒1个。

🍴 调料

植物油、蒜末、姜末、食盐、糖各适量。

🍲 制作方法

1. 苦瓜洗净，对半剖开，软肉层的瓜瓤用勺片除，切成片备用。
2. 将山药洗净刮去外皮，切片，红青椒洗净，切片备用。
3. 将切好的山药片、苦瓜片用清水稍加浸泡后捞出，控干水分。
4. 锅烧热注油，油温五六成时，将山药片倒入锅中。
5. 炒的过程中注意用筷子搅动以免沾黏。
6. 锅内油倒出留少许底油，下蒜末、姜末、红青椒片爆香，山药片和苦瓜片回锅，下少许糖、食盐调味即可。

小提示

苦瓜炒山药
● 有利于脾胃消化吸收功能，是一味平补脾胃的药食两用之品。不论脾阳亏或胃阴虚，皆可食用。

红烧茄子

🥘 原料

茄子2条，西红柿1个，柿子椒1个。

🍴 调料

葱丝、蒜、白糖、食盐、白糖、花生油各适量。

🍳 制作方法

1. 茄子洗净切滚刀块，均匀地撒上些盐腌制10~20分钟。
2. 柿子椒洗净切片，西红柿洗净切块。
3. 大蒜一部分切片，一部分切末。
4. 将腌制好的茄子用力攥一下水分，这样可以让茄子少吃油。
5. 平底锅热后放适量的花生油，然后放蒜片和葱丝爆香。
6. 闻到蒜香后放入攥干水分的茄子，中火翻炒至茄子变色、变软。
7. 放柿子椒和西红柿，加一勺白糖和适量的食盐调味，大火翻炒均匀。
8. 出锅前撒上切好的蒜末即可。

小提示

红烧茄子
● 含有维生素E，有防止出血和抗衰老功能，常吃茄子，可使血液中胆固醇水平不增高，对延缓人体衰老有积极意义。

酱烧茄子

🍲 原料

茄子500克，甜面酱30克。

🍴 调料

葱末、姜末、蒜末、植物油、水淀粉各适量，酱油10克，食盐、味精、白糖各5克。

🥘 制作方法

1. 茄子洗净，切滚刀块。
2. 炒锅加油烧热后，放入茄条炸至呈金黄色后捞出。
3. 锅中留少许底油，把葱末、姜末、蒜末和甜面酱一同下锅煸炒，炒香后放适量水。
4. 把茄块和酱油、食盐、味精、白糖一同入锅，烧开后转小火将茄子烧熟透，勾芡装盘即可。

小提示

酱烧茄子
● 具有较强的解热镇痛作用。

胡萝卜拌菠菜
● 具有促进肠道蠕动的作用，利于排便，且能促进胰腺分泌，帮助消化。

胡萝卜拌菠菜

🍲 原料

菠菜300克，胡萝卜1根。

🍴 调料

橄榄油、胡椒盐、芝麻油、油醋汁各适量。

🥘 制作方法

1. 胡萝卜切小段，菠菜洗净，入开水余烫十秒左右，捞起浸入凉水内，降温后挤干水分，待用。
2. 烧热橄榄油煸炒一下胡萝卜，加少许胡椒盐。
3. 取一大碗，将两物放入，加少许芝麻油拌匀，也可直接淋油醋汁。

椰香芒果糯米饭

原料

糯米200克，泰国香米100克，芒果1~2个。

调料

椰浆（或椰汁）400毫升，白糖10克。

制作方法

1. 将糯米和泰国香米混后洗净；将椰浆和白糖混合后搅拌均匀，倒入米中，浸泡2~4小时。
2. 米和水的比例应为1.5~2倍；大火蒸20分钟，转小火再蒸20分钟，关火后也不要立即开盖，再焖煮半小时左右。
3. 将芒果洗净，含核横向片下两大块果肉，用大勺掏出果肉，切成条状备用。
4. 取出米饭，稍凉后盛出，将芒果肉放在米饭上，再浇上些许椰浆增加风味。

小提示

椰香芒果糯米饭
● 具有益胃止呕，解渴利尿等功效。

粉丝菠菜拌豆干
● 防止血管硬化，预防心血管疾病，保护心脏。

粉丝菠菜拌豆干

原料

豆腐干1块，菠菜200克，粉丝150克。

调料

食盐、蒜头、姜、醋、香油、鸡精各适量。

制作方法

1. 将菠菜用淡盐开水焯烫后沥干水分，切小段，豆腐干切细丝，粉丝焯烫后过凉沥干水分，将菠菜、豆腐干丝、粉丝搅拌备用。
2. 姜和蒜头用少许食盐捣成泥，用醋、盐、鸡精调成味汁。
3. 把味汁倒进备好的菜里充分拌匀，拌少许香油即可。

虎皮辣子烧茄子

🐷 原料

茄子200克，青辣椒2个。

🍴 调料

干淀粉、油、葱末、姜末、蒜末、豆瓣酱、食盐、白糖、鸡精、醋各适量。

🥄 制作方法

① 青椒去蒂洗净，沥干水分备用，茄子洗净，切成长条。
② 把茄子撒些干淀粉，拌均匀。
③ 锅里加油比平时烧菜多些，油热七成，加茄条和辣椒炸。
④ 直到茄条变硬，辣椒变成虎皮颜色捞出。
⑤ 锅里留油，加葱末、姜末、蒜末爆香，再加豆瓣酱继续爆香，加水。
⑥ 加少许食盐、白糖稍微煮会，加鸡精、醋，最后加淀粉，搅拌均匀。
⑦ 加炸好的茄条和辣椒，翻炒均匀出锅。

> **小提示**
>
> 虎皮辣子烧茄子
> ● 含有维生素E，有防止出血和抗衰老的功效。

麻油萝卜丝

🐨 原料

白萝卜150克，胡萝卜100克，香菜50克。

🍴 调料

白糖5克，食盐2克，植物油20克，花椒、干红辣椒、白醋10克。

🔪 制作方法

1. 白萝卜和胡萝卜洗净，用刨丝器刨成细丝；萝卜丝内放入白糖、食盐，拌匀后备用。
2. 锅中放少量油，待油温六成热时放入干红辣椒、花椒，用小火煸炒。
3. 待油锅出香味，微微冒烟时，除去干红辣椒、花椒。
4. 趁热把炸好的麻油淋入萝卜丝内，拌匀并放上香菜、淋上白醋即可食用。

韩国泡菜

🐨 原料

大白菜300克，大蒜2头，鲜红辣椒3个约50克。

🍴 调料

料酒50克，韩式辣椒酱40克，盐15克，白糖10克，味精适量。

🔪 制作方法

1. 大白菜洗净切大片，大蒜去皮切末，红辣椒洗净切末。
2. 大白菜用盐揉渍约10分钟，用凉开水冲净盐分及涩味，沥干水分。
3. 将蒜末、红辣椒末、料酒、韩式辣椒酱、白糖、味精倒在大白菜上，拌匀，盛入容器中，加盖密封约3天后即可食用。

小提示

麻油萝卜丝
- 促进胃肠液分泌的作用，能让肠胃达到良好的状态。

韩国泡菜
- 可调整肠道菌群，有利于肠道健康。

核桃仁拌芹菜

原料

芹菜250克，核桃仁40克，胡萝卜30克。

调料

食盐适量，味精、香油各少许。

制作方法

1. 将芹菜去掉叶及老筋，洗净后切段，入沸水余烫，捞出用凉开水过凉，沥干水分，放盘中，加食盐、味精、香油。
2. 核桃仁用热水浸泡后剥去薄皮，再用沸水泡约5分钟取出，放在芹菜上，吃时拌匀即成。

小提示

核桃仁拌芹菜
● 含有钙、磷、铁，还有防治头发过早变白和脱落的效果。

盐水毛豆

原料

毛豆500克。

调料

八角、姜片、食盐各适量。

制作方法

1. 毛豆用适量盐腌制10~20分钟，也可用手搓洗3分钟左右。
2. 将毛豆、八角、姜片放入锅中，加适量水大火熬煮。
3. 煮沸2分钟后关火，放入适量食盐，晾凉即可。

小提示

盐水毛豆
● 具有健脾宽中、润燥消水、清热解毒、益气的功效。

核桃仁菠菜

原料

菠菜500克，核桃仁200克，葡萄干50克，小西红柿5个。

调料

食盐、醋、糖、辣油、植物油各适量。

制作方法

1. 菠菜入沸水焯一下，捞出过冰水。
2. 小西红柿洗净，对半切开。
3. 干核桃仁干锅放盐干炒至脆。
4. 将冰水中菠菜捞出，控干水分。
5. 菠菜放食盐、醋、糖、辣油若干，锅入油烧热泼上，将核桃仁和葡萄干放在菠菜上，将小西红柿摆在菠菜周边即可。

小提示

核桃仁菠菜
● 具有补气养血、润燥化痰、温肺润肠等功效。

干煸菠菜
● 对缺铁性贫血有较好的辅助食疗作用。

干煸菠菜

原料

菠菜200克，干辣椒段、葱、蒜各5克。

调料

生抽3克，糖2克，味精2克，植物油、食盐适量。

制作方法

1. 菠菜洗净，切段。
2. 葱、蒜切末。
3. 炒锅入油，烧热后放葱、蒜、干辣椒段爆香。
4. 下菠菜翻炒。
5. 依次放入生抽、糖、食盐、味精，炒至菠菜成熟，装盘即可。

菠菜鸡蛋饼

🥢 原料

菠菜180克，面粉50克，鸡蛋4个。

🍴 调料

葱花少许，姜末少许，胡椒粉少许，植物油少许。

🥄 制作方法

① 将菠菜洗净，放入沸水中焯烫一下后捞出，过凉水后沥干水分。

② 将鸡蛋打散成蛋液，平均分成两份；其中一份加入面粉，拌匀成面糊；另一份蛋液中加入少许盐，拌匀待用。

③ 将沥干水的菠菜放入面糊中，放入葱花、姜末、适量的盐与少许胡椒粉，拌匀。

④ 平底锅内放入少许油，将菠菜面糊平摊在锅里，煎至成型后翻面。

⑤ 将留出蛋液的一半倒在蛋饼上面，然后翻面，再倒入剩下的另一半蛋液在饼面上。

⑥ 小火将其煎至两面金黄中间熟透，出锅切块装盘。

小提示

菠菜鸡蛋饼
● 蛋白质对肝脏组织损伤有修复作用，蛋黄中的卵磷脂可促进肝细胞的再生，还可提高人体血浆蛋白量，增强肌体的代谢功能和免疫功能。

青椒炒茄丁

🥗 原料

茄子2个，红、绿青椒各4个。

🍴 调料

蒜、食盐、植物油各适量。

🔪 制作方法

1. 把茄子去皮，切成小块丁备用。
2. 蒜切碎，红、绿青椒切成块。
3. 炒锅放适量油，将茄子倒入。
4. 撒入适量食盐，炒至茄子有点软。
5. 再撒入红、绿青椒块。
6. 把红、绿青椒块和茄丁炒匀，再倒入蒜粒炒香。
7. 翻炒片刻，便可出锅。

小提示

青椒炒茄丁
● 维生素P能强健毛细血管，预防动脉硬化与胃溃疡等疾病的发生。青椒中含有芬芳辛辣的辣椒素，能促进食欲，帮助消化。

菠菜面

原料

菠菜250克，面粉250克。

调料

食盐、油、玉米淀粉各适量。

制作方法

1. 菠菜清洗干净。
2. 放在加入食盐和油的开水中焯一下。
3. 焯好水的菠菜放入冷水中，放凉后切成二厘米的小段。
4. 放入搅拌机中，加少许的水，搅拌一分钟，然后过滤，将过滤好的菠菜汁加入250克面粉和成面团然后擀长，再擀薄些。
5. 切成面条。上面撒些玉米淀粉防沾。面条做好后，放在10倍的开水里煮熟即可。

小提示

菠菜面
● 对于痔疮、慢性胰腺炎、便秘、肛裂等病症有食疗作用。

芹菜拌杏仁
● 多食芹菜有利于安定情绪、消除烦躁。

芹菜拌杏仁

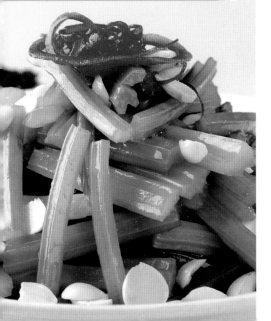

原料

杏仁100克，香芹200克，红椒1个。

调料

芝麻油、蒜、食盐、醋各适量。

制作方法

1. 香芹洗净，切成小段；红椒洗净切丝。
2. 起锅烧水，水开后把杏仁倒进锅里，五分钟后捞出。
3. 另起锅烧水，水开后水里加入少许食盐，把香芹焯一分钟捞出。
4. 杏仁去皮。杏仁焯过水之后，很容易去掉外皮。
5. 过凉后的香芹、杏仁和蒜末放一起，加入食盐、醋、芝麻油搅拌均匀，撒上红椒丝即可。

芝麻菠菜

原料

菠菜300克，芝麻30克，小辣椒1小把。

调料

油、食盐各适量。

制作方法

1. 将菠菜整株洗净备用。
2. 烧开一锅水，加入2小匙食盐、少许油，将菠菜放入氽烫。
3. 等颜色变绿后立即捞起，将菠菜的水分沥干，放入盘中备用。
4. 油锅烧热，将辣椒倒入锅内爆香。
5. 将芝麻撒在菠菜上，接着把爆香的辣椒倒在菠菜上即可。

小提示

芝麻菠菜
- 具有养血的功效，可以治疗皮肤干枯，令皮肤细腻光滑、红润光泽。

菠菜拌面筋
- 防止血管硬化，预防心血管疾病，保护心脏。

菠菜拌面筋

原料

菠菜200克，面筋150克，红青椒、干红辣椒各2个，黄豆芽100克。

调料

食盐、葱、蒜、橄榄油、花椒粉各适量。

制作方法

1. 面筋用开水氽烫，挤干水分。
2. 菠菜洗干净后，过下开水，煮20~30秒，加点食盐，以保证菠菜的色泽。
3. 红青椒洗净，切片；将黄豆芽下锅煮熟，干红辣椒切小段。
4. 将菠菜、面筋、黄豆芽、干辣椒段和红青椒片一起放在容器里，最后将所有调料倒入容器中搅拌均匀即可。

杏仁拌菠菜

原料

菠菜500克，南杏仁100克，玉米粒80克，红辣椒1根。

调料

油、鸡精、醋各适量。

制作方法

1. 红辣椒洗净切小圈；把菠菜清洗干净放入热水中氽烫一下，之后迅速捞出浸凉水，浸凉后捞出，用手将其中的水分攥出，备用。
2. 锅中热油，待八成热后直接倒入辣椒中，晾凉变为辣椒油。
3. 南杏仁、玉米粒放入开水中焯熟。
4. 菠菜、南杏仁、玉米粒和所有调味料调和在一起，就变成了美味的杏仁菠菜了。

小提示

杏仁拌菠菜
● 具有促进皮肤血液循环的作用，杏仁还有美容功效，还能促进皮肤微循环，使皮肤红润光泽。

银耳拌菠菜

 原料

菠菜200克，银耳50克，红青椒1个。

调料

食盐、醋、白糖、香油各适量。

制作方法

1 银耳用水泡发好，清水洗净银耳，撕小朵。

2 菠菜择洗干净,用开水焯一下，过凉水，沥干水分。

3 以上两样原料放在盘中，加食盐、香油、白糖、醋搅拌。

4 上面撒上红青椒圈，吃的时候拌匀即可。

小提示

银耳拌菠菜
● 具有补脾开胃、益气清肠、安眠健胃、补脑、养阴清热、润燥之功效。

🦪 原料

芹菜350克，茶干100克，红辣椒20克。

🍴 调料

食盐、调和油各适量。

🍳 制作方法

1. 芹菜择除叶子，洗净切段，控干芹菜的水分，备用。
2. 红辣椒切丝，茶干切成条状。
3. 坐锅热油，倒入芹菜、红辣椒翻炒，等芹菜略瘪，倒入茶干。
4. 转小火后，加入食盐即可。

芹菜炒茶干

小提示

芹菜炒茶干
- 避免皮肤苍白、干燥、面色无华，而且可使目光有神，头发黑亮。

芹菜炒金针菇
- 金针菇赖氨基酸含量特别高，具有促进儿童智力发育的功能。

芹菜炒金针菇

🦪 原料

芹菜100克，金针菇100克，胡萝卜半根。

🍴 调料

花生油、葱、盐、蒜各适量。

🍳 制作方法

1. 芹菜洗净切成段，胡萝卜切丝，葱和蒜切成末，金针菇洗净备用。
2. 热锅放油，放入葱末和蒜末爆出香味。
3. 放入胡萝卜丝翻炒几下。
4. 放入金针菇，翻炒几下。
5. 放入芹菜，翻炒至芹菜断生，放入少许盐炒匀即可。

芹菜蛋皮

 原料

芹菜250克，鸡蛋2个，辣椒1小把。

调料

色拉油、食盐各适量。

制作方法

1. 芹菜洗净，切成段，辣椒切段。
2. 鸡蛋打在碗里，放入少许盐打散。
3. 油锅加热，倒入鸡蛋，摊开，成蛋皮。
4. 翻面，两面熟后盛出，切丝备用。
5. 锅里再次倒入色拉油加热。
6. 倒入洗净的芹菜段、辣椒段翻炒。
7. 加入少量食盐、少量清水，继续炒至断生。
8. 放入蛋皮，关火。调味，出锅。

小提示

芹菜蛋皮
● 安定情绪，消除烦躁。

胡萝卜汁

原料

胡萝卜两根。

调料

糖适量。

制作方法

1. 胡萝卜两根洗干净，切除底部。
2. 把红萝卜切成丁，放入豆浆机中。
3. 加入适量温水，接通电源，按下果汁键。
4. 盛到碗中，加一勺糖即可饮用。

小提示

胡萝卜汁
● 促进代谢，通便。

原料

柳橙1.5个，西瓜150克。

调料

冷开水50毫升，糖水30毫升，碎冰50克。

制作方法

1. 柳橙洗净、去皮、切小块；西瓜洗净、去皮及籽、切小块。
2. 西瓜放入搅拌机，倒入30毫升冷开水，以高速搅打20秒。
3. 用滤网过滤备用。
4. 柳橙放入搅拌机，倒入20毫升冷开水，以高速搅打30秒，用滤网过滤备用。
5. 将碎冰及糖水倒入杯中，然后倒入橙汁。
6. 将西瓜汁慢慢倒入，可呈现美丽的双层果汁了。

小提示
爱琴海果汁
● 具有清热解暑、降血压等功效。

爱琴海果汁

鲜榨橙汁

 原料

橙子1个。

调料

白砂糖适量。

制作方法

1. 将橙子的外皮洗净，用刀对半剖开。
2. 把半个橙子放在清洗干净后的手动榨汁器上，稍用力旋转几下，让果汁流入槽内，过滤到杯子里。
3. 兑入2倍的温开水稀释，根据自己的口味加糖即可。

小提示
鲜榨橙汁
● 具有降逆止呕之功效。

生菜拌油条

 原料

生菜200克，油条3根。

调料

大蒜粒6瓣，香油3毫升，醋3毫升，食盐适量。

制作方法

1 生菜放入盐水中泡洗干净，控净水分备用。

2 生菜切段，油条切段。

3 大蒜砸碎成泥，加入醋、食盐调好。

4 生菜和蒜泥拌匀，倒入香油拌匀。

5 放上油条段拌匀即可。

小提示

生菜拌油条

● 有降低胆固醇的功效，辅助治疗神经衰弱等症。生菜所含的维生素C还能有效地缓解牙龈出血等功效。

原料

面粉500克，胡萝卜汁210克，鸡蛋1个。

调料

食盐、碱粉各适量。

制作方法

1. 面粉、鸡蛋、胡萝卜汁、食盐、碱粉全部放入容器，用筷子搅成面絮，略揉成团。
2. 放入压面机多次压制成厚3毫米的面片。
3. 最后压出合适宽度的面条即可。
4. 面条压好后，可撒少许干面粉防粘。
5. 把做好面条入在10倍的开水里煮熟即可。

小提示

胡萝卜面条
● 促进肾上腺素的合成。

胡萝卜面条

蚝油生菜

原料

生菜300克。

调料

食盐、生抽、蚝油各适量。

制作方法

1. 生菜清洗干净掰开，每片对半撕开。
2. 锅中放水，加少许食盐和几滴油，烧开后，放入生菜，烫一下，立刻捞起控水。
3. 生菜码盘。
4. 将蚝油和生抽淋在生菜上即可。

小提示

蚝油生菜
● 能刺激消化、增进食欲。

草莓汁

🦁 原料

草莓1碗。

🧺 调料

白糖适量。

🫖 制作方法

1. 草莓在清水中浸泡十分钟。
2. 洗净，去掉叶子和蒂部。
3. 将草莓和一勺白糖放入料理机中。
4. 加入小半碗开水，搅打三十秒停止。
5. 倒入杯中即可饮用。

芒果汁

🦁 原料

芒果100克。

🧺 调料

元贞糖适量。

🫖 制作方法

1. 芒果切片，用糖腌制。
2. 芒果变软，有很多汁出来。
3. 取果肉和汁放入料理机。
4. 打成泥。
5. 原汁原味的芒果汁做好了。

小提示

草莓汁
● 可以预防坏血病，对防治动脉硬化、冠心病也有较好的食疗作用。

芒果汁
● 含有大量的维生素，具有滋润肌肤的作用。

🦐 原料

西蓝花300克，香菇100克。

🍴 调料

食盐、蚝油、植物油、高汤各适量。

🍲 制作方法

1. 西蓝花去掉根茎，掰成小朵，用盐水泡几分钟，然后洗净，沥干水分备用；香菇洗净备用。
2. 锅中倒入高汤，烧开后放入西蓝花，加入适量盐调味，高汤再次煮开后煮一分钟即可；煮好的西蓝花捞出来沥干水分摆入盘中。
3. 锅放少许油烧热，放入香菇炒熟，放少许食盐和蚝油调味，摆放在西蓝花中间即可。

香菇西蓝花

小提示

香菇西蓝花
● 提高机体的免疫力，可防止感冒和坏血病的发生。

红油黄瓜
● 对改善大脑和神经系统功能有利，能安神定志，辅助治疗失眠症。

红油黄瓜

🦐 原料

嫩黄瓜300克，红辣椒20克。

🍴 调料

蒜泥30克，食盐5克，辣椒油、白糖各8克，酱油少许。

🍲 制作方法

1. 将嫩黄瓜用清水洗净，削皮后切成小块，放入小盆内，加少量盐腌几分钟，入味后用冷开水洗净沥干。
2. 取一小碗，将食盐、红辣椒、酱油、蒜泥、白糖、味精调成味汁，浇在黄瓜上即可食用。

清炒芦笋

原料

芦笋200克。

调料

色拉油、食盐、水淀粉各适量。

制作方法

1. 芦笋去掉根部的硬皮，洗净。
2. 切成滚刀段。滚刀的段用斜刀切，然后将芦笋转个角度，再切。
3. 热锅，倒入色拉油，大火快炒芦笋段，颜色变得翠绿时加入食盐、味精翻炒均匀。
4. 转中火，淋上水淀粉勾薄芡出锅。

小提示

清炒芦笋
● 对于易上火、患有高血压的人群来说，芦笋能清热利尿。

手撕杏鲍菇
● 杏鲍菇能软化和保护血管，有降低人体中血脂和胆固醇的作用。

手撕杏鲍菇

原料

杏鲍菇4个，柿子椒20克，青红椒20克，小葱20克。

调料

芝麻5克，食盐1克、米醋10克、芝麻油30克、大蒜4瓣。

制作方法

1. 将杏鲍菇清洗干净，入蒸锅中大火蒸7~8分钟，取出晾凉备用。
2. 将青红椒切成圈，大蒜切末，小葱切段。
3. 将切好的青红椒圈和小葱段倒入小碗中，再加入米醋10克，食盐1克，芝麻油30克，搅拌均匀。
4. 将杏鲍菇撕成小条，摆入盘中，淋上调好的味汁，再撒少许芝麻搅拌均匀即可。

芦笋炒山药

🍲 原料

芦笋150克，山药200克，红青椒1个，胡萝卜半根。

🍴 调料

蒜末、食盐、鸡精各适量。

🍳 制作方法

1. 先将芦笋后部去掉，以免口感生涩，切成3厘米左右的段（斜切），入锅焯水30秒左右。
2. 山药去皮切块，切好后用水泡可以去除部分淀粉，使其口感脆爽。然后同样入锅焯水。
3. 红青椒洗净，斜切片；胡萝卜洗净，切丁。
4. 热油锅倒入蒜末、红青椒片、胡萝卜丁煸炒，炒出香味后加入山药，翻炒1分钟后加入芦笋段，加食盐和鸡精，继续翻炒两分钟就可以出锅了。

小提示

芦笋炒山药
● 含有丰富的胆碱和卵磷脂，有助提高人的大脑的记忆力，使人耳目聪明，轻身不饥，延年益寿。

老黄瓜炒土豆片

🍲 原料

红青椒1个，土豆2个，老黄瓜1根，蒜薹1个，干红椒2个。

🥄 调料

蒜、油、白醋、食盐、鸡粉各适量。

🍳 制作方法

1) 老黄瓜去皮，掏去瓤，切片备用。

2) 蒜薹洗净，切成5厘米左右的小段。

3) 蒜切末，干红椒切圈。

4) 土豆去皮切片，用水浸泡十分钟，洗去多余淀粉。

5) 炒锅热油，放入干红椒和一半蒜末，炒出香味，倒入土豆片煸炒，这时滴少许白醋，炒至土豆片变得透明，倒入老黄瓜片、蒜薹、红青椒，调入食盐和适量白醋，翻炒均匀，调入鸡粉即可出锅。

> **小提示**
>
> 老黄瓜炒土豆片
> ● 黄瓜所含的丙氨酸、精氨酸和谷胺酰胺对肝脏病人，特别是对酒精肝硬化患者有一定食疗作用。

孜然土豆片

🐷 原料

土豆500克。

🍴 调料

食盐、干辣椒、蒜、生抽、老抽、香油、小葱、植物油、孜然粉各适量。

🥄 制作方法

1. 土豆洗净切片（不用太薄），放在清水中泡一下。
2. 将老抽、生抽、清水、香油、食盐和孜然粉兑成调味汁备用。
3. 干辣椒切段，蒜切末，葱切花。
4. 土豆放入锅中焯至五六成熟，大概三四分钟。
5. 捞出来沥干水分，炒锅热油，温油时放入干辣椒和蒜末小火爆香。
6. 倒入调味汁烧热，然后倒入土豆片翻炒一下。
7. 改小火慢慢收汁，汁差不多收干的时候放入葱花翻炒均匀即可。

小提示

孜然土豆片
- 土豆是富含膳食纤维的食物中，比较少见的同时含有大量维生素、矿物质的食物。

西红柿土豆片
- 有很好的呵护肌肤、保养容颜的功效。

西红柿土豆片

🐷 原料

土豆300克，西红柿1个，青椒1个。

🍴 调料

味精、食盐各适量。

🥄 制作方法

1. 土豆切片，放在清水中泡一下。
2. 青椒、西红柿洗净，切片。
3. 锅内放适量油，油开后加入土豆片翻炒，可添加适量清水，待土豆片八成熟时加西红柿、青椒翻炒，加入食盐、味精调味即可。

酸辣土豆丝

🍲 原料

红、青辣椒各1个，土豆2个，干红辣椒2个。

🍴 调料

蒜、油、花椒、葱、姜、辣椒油、醋各适量。

🍳 制作方法

1. 红、青辣椒切丝，干红椒切小段，姜、葱、蒜切末。
2. 土豆洗净用刮皮刀刮去外皮，切好厚薄均匀的片，再继续切丝。
3. 锅里倒油，放入花椒小火炸香，把花椒捞出不要。然后放入葱末、姜末、干红辣椒段爆香。
4. 倒入沥干水的土豆丝翻炒均匀，立刻加入醋继续翻炒约1分钟。
5. 加入红、青辣椒、盐翻炒均匀，加入蒜末和辣椒油即可。

小提示

酸辣土豆丝
● 含有丰富的维生素及钙、钾等微量元素，且易于消化吸收，营养丰富。能供给人体大量的热能。

凉拌土豆丝

山村土豆饼

原料

土豆3个，红、青椒各1个。

原料

土豆1个，鸡蛋1个，面粉少许。

调料

白醋、食盐、鸡精各适量。

调料

葱末、食盐、辣椒粉、鸡精各适量。

制作方法

1. 土豆洗净去皮，切片。
2. 将土豆片切丝。
3. 将土豆丝用凉水泡上一会去掉部分淀粉。
4. 红、青椒切丝。
5. 锅里烧开水，将其焯一下，断生即可。
6. 投入凉水中浸泡。
7. 捞出的土豆丝控干放入红、青椒丝中。
8. 加入白醋、食盐、鸡精，搅拌均匀即可。

制作方法

1. 土豆洗净，去皮刨丝，浸泡在清水中待用。
2. 取一大碗，放入鸡蛋、清水和面粉，将其混合拌匀，调成浓稠的面糊。
3. 土豆丝捞起沥干水，加入面糊中，一同搅拌均匀。
4. 加入适量食盐、鸡精与土豆面糊一同搅拌均匀。
5. 起平底油锅，舀入调制好的土豆面糊用勺子摊平成饼状，煎至其底凝固。
6. 翻面以中小火续煎，煎至两面金黄。
7. 盛出盘中，撒上葱末和辣椒粉即可。

小提示

凉拌土豆丝
● 含有丰富的膳食纤维，能宽肠通便，有助于减肥。

山村土豆饼
● 防止便秘，预防肠道疾病的发生。

菠萝汁

 原料

菠萝900克。

 制作方法

1. 将菠萝去皮，切成大块。
2. 洗净，切块，放在盐水中浸泡20分钟，捞出沥干水分。
3. 放入豆浆机中。
4. 倒入适量的纯净水。
5. 盖上盖，通电选择蔬果功能开始工作，几分钟后开盖，鲜菠萝汁就榨好了。
6. 倒入杯里即可。

小提示

菠萝汁
● 具有解暑止渴、消食止泻的功效，可清热生津、利于小便，有着与西瓜一样的解渴功效。

黄瓜汁

 原料

黄瓜3根，冰糖少许。

 制作方法

1. 黄瓜洗净去皮，切丁备好。
2. 把黄瓜丁、冰糖放入豆浆机，加入凉开水。
3. 按下豆浆机的果蔬冷饮功能键。
4. 时间到，将黄瓜汁倒入杯中即可。

小提示

黄瓜汁
● 含有维生素B$_1$，可以改善大脑和神经组织系统功能，能安神定志，辅助治疗失眠症。

Part 3

菌豆
篇藻

蒜泥豆角

原料

长豆角200克，红辣椒1个。

调料

大蒜1个，食盐、调和油、味精、食用油各适量。

制作方法

1. 长豆角洗净，切成长8厘米左右的小段。
2. 剥好的蒜瓣放到蒜臼里，加一点食盐，捣成蒜泥备用。
3. 红辣椒洗净，切成圈。
4. 小锅中加水，加食盐和食用油。
5. 水烧开后，倒入切段的长豆角。水再次烧开，转小火，盖上盖子煮2分钟。
6. 捞出长豆角段过凉，控干水分的长豆角段放入蒜泥、调和油、味精拌匀，撒上红辣椒圈即可。

小提示

蒜泥豆角
● 豇豆性味甘平，有健脾和胃、补肾止带的功效，特别适合脾胃虚弱所导致的食积、腹胀以及肾虚遗精者食用。

原料

荷兰豆100克，胡萝卜50克。

调料

食盐、蒜末、生抽、植物油各适量。

制作方法

① 荷兰豆去头去尾洗净，切段。

② 胡萝卜去皮，对半切开后切半圆片备用，蒜切末备用。

③ 锅中热油，下蒜末爆香。

④ 倒入胡萝卜片煸炒，然后下荷兰豆一起炒匀，加一点点水，熟后加食盐和一点生抽调味即可。

清炒荷兰豆

小提示

清炒荷兰豆
● 具有抗菌消炎、增强新陈代谢的功效。

荷兰豆拌金针菇
● 具有抗菌消炎、增强新陈代谢的功效。

荷兰豆拌金针菇

原料

荷兰豆500克，金针菇100克，红辣椒1根。

调料

大蒜、食盐各适量。

制作方法

① 荷兰豆掐头去尾，洗净切丝。

② 金针菇去根，洗净备用。

③ 锅放上水，煮开，先焯荷兰豆丝，放少许盐，两分钟后捞出过凉水。

④ 大蒜切末，红辣椒切丝。

⑤ 再下入金针菇和红辣椒丝，两分钟后捞出过凉水。

⑥ 两种食材放入碗中，加入蒜末、食盐拌匀即可。

🥢 原料

海带1把，枸杞少许。

🧂 调料

醋、蒜、料酒、辣椒油、白糖、生抽各适量。

🥄 制作方法

1. 海带切丝，用冷水浸泡半天以上。枸杞、蒜切末。
2. 锅内热水烧开后关火，倒入洗净的海带丝迅速拌匀，倒出过凉水沥干备用。
3. 加生抽、少许料酒、醋、辣椒油、糖、枸杞末、蒜末拌匀。
4. 拌好的海带丝，在汤汁里浸泡半天更入味。

酸辣海带丝

小提示

酸辣海带丝
● 具有利尿消肿的作用，可防治肾功能衰竭、老年性水肿、药物中毒等。

黄瓜炒木耳
● 清理消化道、清胃涤肠。

黄瓜炒木耳

🥢 原料

黑木耳150克，红辣椒50克，黄瓜半根。

🧂 调料

食盐、调和油、鸡精、香油、酱油各适量。

🥄 制作方法

1. 辣椒、黄瓜洗净，切成片。
2. 木耳泡好，洗净备用。
3. 油加热，放入红辣椒炒出香味。
4. 倒入木耳，倒入酱油进行翻炒。
5. 加入黄瓜翻炒，放入食盐调一下味道。
6. 滴入几滴香油，添香增色，出锅。

🐷 原料

土豆2颗，金针菇1小把，红、绿青椒各1个。

🍴 调料

食盐、姜各适量。

🥄 制作方法

1. 将土豆去皮，切丝，泡入水中。
2. 姜切末，红、绿青椒洗净，切丝。
3. 金针菇切段。
4. 炒锅放油烧热，倒姜末、土豆丝爆炒。
5. 土豆丝炒至八分熟，放入金针菇，继续炒。
6. 炒至九分熟，放入红、绿青椒及食盐翻炒2分钟，搅拌均匀出锅即可。

小提示

金针菇炒土豆
● 金针菇营养含量非常丰富，高于一般菇类，尤其是赖氨酸的含量特别高，赖氨酸具有促进儿童智力发育的作用。

金针菇炒土豆

蚕豆炒鸡蛋

原料

蚕豆150克，鸡蛋3个，西红柿1个，红尖椒3个。

调料

油、葱花、姜末、食盐、胡椒粉各适量。

制作方法

1. 蚕豆剥去外壳，放入开水中焯水。西红柿切片。
2. 将鸡蛋打入碗内，放少许盐打散，备用。
3. 红尖椒洗净，切段。
4. 炒锅内放油，油五成热时放蛋液，翻炒，稍微成块即可盛出。
5. 另锅放油，油热后放葱花、姜丝和红尖椒段炒香，加入蚕豆翻炒，加适量水稍微焖煮一会儿，蚕豆熟后放鸡蛋，放适量食盐和胡椒粉，翻炒均匀即可出锅。
6. 盛入盘中，周围放一圈西红柿片点缀即可。

小提示

蚕豆炒鸡蛋
- 蚕豆中的钙，有利于骨骼对钙的吸收与钙化，能促进人体骨骼的生长发育。

🍲 原料

豇豆200克，红辣椒1个。

🍴 调料

食盐、鸡精、香油、醋、姜各适量。

🍲 制作方法

1. 将嫩豇豆摘去老筋，洗净沥干水分，切成8厘米左右的长段。
2. 在沸水中放入少许食盐和油，将豇豆焯熟，煮时不要加盖，捞出沥干水分待用。
3. 将姜用工具擦成泥（或者用搅拌机打成泥）。
4. 红辣椒洗净，切末。
5. 用姜泥、辣椒末和调料将豇豆拌匀，装盘即可。

姜汁豇豆

小提示

姜汁豇豆
● 具有理中益气、健胃补肾的功效。

干煸豆角
● 适合脾胃虚弱的人群。

干煸豆角

🍲 原料

长豆角500克，干红辣椒2个。

🍴 调料

姜、蒜、食盐、生抽各适量。

🍲 制作方法

1. 长豆角择去老筋，洗净，掰成5厘米长的段。干红辣椒用剪子剪成小段。姜和蒜切成碎末。
2. 锅中放适量油，放入长豆角用中火煸，煸至长豆角皮呈虎皮状。
3. 把长豆角拨在锅边，底油放入姜末、蒜末煸炒出香，再把长豆角混合一起继续煸炒，加入少许食盐和生抽全部翻炒均匀即可。

红椒炝拌豆芽

原料

红辣椒50克，黄豆芽200克。

调料

花椒粒、香油、食盐、香菜、小葱各适量。

制作方法

1. 红辣椒洗净，切成细丝，和黄豆芽一同放入沸水中焯熟，过凉，沥干水分后放在碗中。
2. 将香油、花椒粒、食盐调成调味汁，淋在红椒丝、黄豆芽上。
3. 将所有食材搅拌均匀，香菜、小葱切成小段，撒上即可。

小提示

红椒炝拌豆芽
● 含有纤维素、维生素和矿物质,有美容排毒、消脂通便、抗氧化的功效。

清炒蚕豆
● 含有丰富的胆石碱，有增强记忆力的健脑作用。

原料

蚕豆300克，红辣椒1个。

调料

葱末、油、食盐各适量。

制作方法

1. 蚕豆剥好，洗净沥干水分备用。
2. 红辣椒切圈备用。
3. 油锅烧至八成热，放入葱末爆香。
4. 倒入蚕豆，大火翻炒，稍微加水，焖一会。
5. 焖煮至蚕豆表皮裂开后，放入红椒圈翻炒片刻，加食盐调味即可。

清炒蚕豆

茄子炒豇豆

🍲 原料

豇豆100克，茄子200克，红辣椒2个。

🍴 调料

蒜、姜各10克，生抽2勺，鸡精1勺，食盐适量。

🍳 制作方法

1. 茄子切成小长段，先放加食盐的水中浸泡，盛出备用，豇豆切成小长段，红辣椒切圈，蒜、姜切碎末。
2. 在锅里放水烧开，把切好的豇豆放入，烫水几分钟，捞起放冷水中泡一下。
3. 另锅稍多放点油，放入姜末、蒜末、红辣椒圈炒香，然后放入豇豆和茄子，大火炒至基本无水分，放入生抽翻炒。
4. 放适量的食盐、鸡精调味，炒熟即可。

小提示

茄子炒豇豆
● 有防止出血和抗衰老功能，可使血液中胆固醇含量不致增高，对延缓人体衰老具有积极的意义。

美味素食

原料

荷兰豆300克，鲜黄菊花瓣20克。

调料

食盐、橄榄油各适量。

制作方法

1. 将荷兰豆去头去尾，改刀切成0.2厘米宽的丝，放入沸水中（水中加食盐3克、橄榄油6克）余约5秒后捞出冲凉备用。
2. 将黄菊花拆成瓣，用15%的淡盐水浸泡一下，清洗干净，与荷兰豆丝放入盛器中，加入食盐、橄榄油拌匀即可。

鲜菊荷兰豆

小提示

鲜菊荷兰豆
● 促进胃肠蠕动，防止便秘，益脾和胃，生津止渴，起到清肠利尿的作用。

蒜香海带茎
● 具有利尿消肿的作用，可防治肾功能衰竭、老年性水肿、药物中毒等。

蒜香海带茎

原料

海带茎250克，红辣椒20克。

调料

大蒜30克，葱白30克，香油10克，味精3克，食盐3克。

制作方法

1. 将海带茎洗净浸泡，切齿状片，放入沸水中焯水后摆盘。
2. 大蒜去衣切片；葱白洗净切丝；红辣椒洗净切丝。
3. 锅烧热下油，把蒜片、葱丝、椒丝炝香，盛出和其他调味料一起拌匀，淋在海带茎上即可。

松仁荷兰豆

🍖 原料

松仁20克，荷兰豆250克，干红辣椒20克。

🍴 调料

香油、食盐、味精各适量。

🍳 制作方法

① 松仁、荷兰豆分别洗净，再放开水中炒熟，盛起晾凉，把荷兰豆切成细丝。

② 干红辣椒洗净切丝，下油锅炝香，加入其他调味料、松仁、荷兰豆一起炒匀，装盘即可。

小提示

松仁荷兰豆
● 含有优质蛋白质，可提高机体的抗病能力和康复能力。

黄豆芽炒粉条
● 具有清热明目、补气养血、防止牙龈出血、心血管硬化及低胆固醇等功效。

🍖 原料

黄豆芽250克，粉条150克，韭菜50克，红辣椒1根。

🍴 调料

植物油、食盐、生抽各适量。

🍳 制作方法

① 黄豆芽择洗干净。

② 粉条煮熟，捞出沥干水分。

③ 韭菜、红辣椒洗净，切丝。

④ 锅内烧热油，下韭菜炒香，倒入黄豆芽翻炒均匀。

⑤ 放粉条，加小半碗水。

⑥ 出锅前倒入红辣椒丝炒1分钟，烹入食盐、生抽调味搅拌均匀即可关火。

黄豆芽炒粉条

宫保豆腐

原料

豆腐1块，胡萝卜、黄瓜各1根，熟花生仁1小把。

调料

豆瓣酱2匙，干红辣椒3个，葱段、蒜片、花椒粒、生抽、白糖、水淀粉、香油、油、食盐各适量。

制作方法

1. 豆腐切成小块，黄瓜、胡萝卜切丁。
2. 花椒粒、生抽搅拌均匀，调成调味汁备用。
3. 油锅烧热，放入豆腐丁，煎至颜色浅黄，捞出。
4. 锅中放豆瓣酱、葱段、蒜片、干辣椒，继续翻炒。
5. 放入胡萝卜丁，翻炒均匀后放入豆腐丁、黄瓜丁，淋入调味汁，倒入熟花生仁，淋入水淀粉、白糖、香油，加食盐调味即可。

小提示

宫保豆腐
● 含有丰富的大豆卵磷脂，有益于神经、血管、大脑的发育生长。

拌双耳
● 具有补脾开胃、益气清肠、安眠健胃、补脑、养阴清热、润燥之功效。

拌双耳

原料

黑木耳100克，银耳150克，青、红尖椒少许。

调料

蒜、食盐、味精、醋、葱油各适量。

制作方法

1. 将黑木耳、银耳洗净，泡发后摘成小朵，用开水焯熟，切丝。
2. 青、红椒和蒜切末备用。
3. 将黑木耳丝和银耳丝盛入盘中用青、红尖椒末、蒜末和食盐、醋、味精、葱油搅拌均匀即可。

原料

油菜250克，香菇6朵。

调料

油、食盐各适量。

制作方法

1. 香菇和油菜分别洗净，油菜切段，梗、叶分别放置。
2. 香菇用温开水泡开，去蒂。
3. 油锅烧热，放入油菜梗，烧至六成熟时加食盐调味，放入油菜叶同炒。
4. 放入香菇和泡香菇的温开水，烧至油菜梗软烂即可。

香菇油菜

小提示

香菇油菜
- 具有提高机体免疫能力、延缓衰老、降血压、降血脂等功效。

剁椒金针菇
- 具有热量低、高蛋白、低脂肪、多糖、多种维生素的营养特点。

剁椒金针菇

原料

金针菇100克，粉丝1小把，剁椒适量。

调料

花椒粒、干辣椒碎、葱末、姜丝、蒜末、香油、油、食盐各适量。

制作方法

1. 粉丝放入温水中浸泡15分钟，捞出，码盘。
2. 金针菇除去老根，备用。
3. 锅中放入适量水，大火煮沸，放入金针菇，焯1分钟左右，捞出沥水，码在粉丝上。
4. 在金针菇的中间部分淋上剁椒，然后均匀撒上葱末、姜丝、蒜末、食盐，淋入香油。
5. 锅中放入适量油，然后放入花椒粒、干辣椒碎，小火炒香，淋入盘中即可。

青椒煎豆腐

🍲 **原料**

豆腐350克，青椒100克。

🍴 **调料**

食盐、调和油、生抽各适量。

 制作方法

1️⃣ 青椒洗净，去籽切圈。
2️⃣ 豆腐切块。
3️⃣ 锅中倒油烧热，放入豆腐，撒盐、生抽煎。
4️⃣ 煎至豆腐两面金黄捞出放入盘中。
5️⃣ 将青椒圈撒在豆腐上即可。

小提示

青椒煎豆腐
● 可补中益气、清热润燥、生津止渴、清洁肠胃。

干煎臭豆腐

🍲 **原料**

臭豆腐1盒。

🍴 **调料**

油适量。

制作方法

1️⃣ 臭豆腐洗净沥干，切长小块。
2️⃣ 煎锅倒入油，油温至六七成熟。
3️⃣ 放入臭豆腐煎，中火煎。
4️⃣ 煎至金黄出锅。

小提示

干煎臭豆腐
● 具有解气消胀、健脾、和胃、养颜护肤的功效。

🐨 原料

芹菜100克，黄豆200克。

🥄 调料

食盐、味精、醋、生抽、干辣椒、油各适量。

🍲 制作方法

① 芹菜洗净，切段；黄豆洗净，用水浸泡待用；干辣椒洗净，切段。

② 锅内注水烧沸，分别放入芹菜与浸泡过的黄豆焯熟，捞起沥干，装入盘中。

③ 锅中热油，下入干辣椒炝香，加入食盐、味精、醋、生抽拌匀，淋在黄豆、芹菜上搅拌均匀即可。

美芹黄豆

 小提示

美芹黄豆
● 有利于安定情绪，消除烦躁。芹菜含有利尿有效成分，利尿消肿。

🐨 原料

海带250克，紫甘蓝30克。

🥄 调料

香菜段10克，食盐3克，味精3克，醋、辣椒油、香油、芝麻各适量。

🍲 制作方法

① 海带洗净切花瓣形小块；紫甘蓝洗净切丝，分别入沸水中焯一下。

② 将海带与紫甘蓝同拌，调入食盐、味精、醋、辣椒油、香油搅拌均匀。

③ 撒上熟芝麻和香菜段即可。

红油海带花

 小提示

红油海带花
● 具有降压降脂、补钙、美容护发、解毒和抗氧化等功效。

🦪 原料

黄豆芽400克，油豆腐100克。

🍶 调料

干红辣椒2个，调和油、老抽、白糖、食盐、味精各适量。

🍳 制作方法

1. 油豆腐洗净，切块；黄豆芽去根，择洗干净。
2. 干红辣椒切圈。
3. 锅中热油，五成热时放入干红辣椒煸香。
4. 放入黄豆芽翻炒，用大火炒至黄豆芽发软。
5. 放入油豆腐翻炒。
6. 放入老抽、白糖、食盐、少许水加盖煮5分钟。
7. 加味精拌匀，收汁即可。

黄豆芽炒油豆腐

小提示

黄豆芽炒油豆腐
● 具有清热明目、补气养血功效。

凉拌裙带菜
● 具有促进脂肪代谢、降血压、增加心肌活力、清火安眠、排毒祛斑等功效。

🦪 原料

裙带菜300克。

🍶 调料

白芝麻、蒜末、姜末、油、食盐各适量。

🍳 制作方法

1. 裙带菜切成段，放入开水中焯烫，过凉。
2. 将裙带菜段放入容器中，然后放入蒜末、姜末。
3. 烧锅热油，放入白芝麻，小火炒香，然后将热油和白芝麻淋在裙带菜上，调入食盐搅拌均匀即可。

凉拌裙带菜

海鲜菇酿豆泡

原料

海鲜菇200克，豆泡30个，鸡蛋1个。

调料

大葱1/2根，八角2个，香叶2片，桂皮1段，蒜末、淀粉、食盐各适量。

制作方法

1. 锅中放入适量水，加八角、香叶、桂皮，小火熬煮。
2. 将海鲜菇放入锅中，煮出香味。
3. 拣去八角、香叶、桂皮，将锅中汤汁倒入容器中，备用；海鲜菇捞出晾凉。
4. 将海鲜菇、大葱切碎，和蒜末、食盐一同放入较大的容器中。
5. 鸡蛋打散，和淀粉搅拌成蛋糊，将其中的一部分倒入海鲜菇中，不停搅拌，直至上劲，制成馅料。
6. 豆泡中间挖空，塞入馅料，均匀码在锅底。
7. 将汤汁沿着锅边缓缓倒入锅中，不要没过豆泡，大火煮沸，小火焖煮10分钟即可。

小提示

海鲜菇酿豆泡
● 海鲜菇有提高免疫力、预防衰老、延长寿命的功效。

蚕豆炒韭菜

 原料

蚕豆250克，韭菜50克，红辣椒25克。

调料

食盐、水、蚝油、鸡粉、油各适量。

制作方法

1 蚕豆剥皮洗净，滤干水分。

2 韭菜洗净沥干后，切段备用，红辣椒切段备用。

3 烧锅热油，放入蚕豆和红辣椒，不停地翻炒，不停地喷少许的水；（避免炒糊，喷水蚕豆熟得快，大约2分钟的样子）。

4 倒入韭菜翻炒几下，加点蚝油、食盐、鸡粉即可出锅。

小提示

蚕豆炒韭菜

● 蚕豆中蛋白质含量丰富，且不含胆固醇，可以提高食品营养价值，预防心血管疾病。有利于骨骼对钙的吸收与钙化，能促进人体骨骼的生长发育。

🦐 原料

白玉菇200克，芦笋100克，红、黄彩椒各1个。

🍴 调料

食盐、油、鸡精各适量。

🥢 制作方法

1. 白玉菇冲洗干净，去掉根部。
2. 芦笋洗净，切掉根部老的部分，切成斜段。
3. 把红、黄彩椒洗净，切块。
4. 锅中注入水，加入一点盐和几滴油，煮开后将芦笋和白玉菇焯水。
5. 焯水的芦笋和白玉菇马上捞入冷水中冲凉。
6. 另锅热油，放入红、黄彩椒爆香。
7. 再放入沥干水分的芦笋和白玉菇煸炒均匀。
8. 加入食盐和鸡精调味，搅拌均匀即可。

芦笋白玉菇

小提示

芦笋白玉菇
● 提高机体免疫力，镇痛、镇静，止咳化痰，通便排毒等功效。

木耳炒鸡蛋
● 具有益气强身、滋肾养胃、活血等功效。

🦐 原料

鸡蛋2个，黑木耳3朵，青、红小尖椒各2个。

🍴 调料

白酒、食盐、油、葱丝、糖各适量。

🥢 制作方法

1. 木耳用清水泡发，清洗泥沙，去掉硬根。青、红小尖椒切末。
2. 鸡蛋打散，加半碗清水，几滴白酒，加1小勺食盐搅打均匀。
3. 锅中油烧热，将蛋液下锅，蛋液凝固后炒成块，然后盛出。
4. 锅中放少许油，油热后将木耳下锅，加葱丝翻炒，放入蛋块，加小半勺糖，翻炒均匀即可。

木耳炒鸡蛋

原料

干腐竹1小把，黑木耳3朵，芹菜1根，香菜1根。

调料

食盐、白糖、味精、醋、生抽、香油各适量。

制作方法

1. 将干腐竹、黑木耳放入水中泡发；待完全泡发好后取出沥干水分。
2. 将黑木耳切成小片，腐竹斜切成段，一起入开水锅焯烫2分钟后过冷开水，捞出沥干水分。
3. 芹菜斜切成段，香菜切段。
4. 将腐竹段、木耳、芹菜段、香菜段一起加入盆中，加入食盐、白糖、味精、醋、少许生抽和香油，全部拌匀后装盘即可。

凉拌腐竹

小提示

凉拌腐竹
- 促进骨骼发育，对小儿、老人的骨骼生长极为有利。

青椒海带丝
- 含有丰富的钙，钙可防止血液酸化。

青椒海带丝

原料

海带200克，红、绿青椒各1个。

调料

生抽、葱末、食盐、白醋、植物油各适量。

制作方法

1. 海带和红、绿青椒洗净，切丝。
2. 锅内热油，放入葱末爆香。
3. 放入海带丝翻炒。
4. 加少许水炖片刻可以让海带丝更软。
5. 放入红、绿青椒丝。
6. 接着放入生抽、食盐，顺锅边溜一些白醋搅拌均匀即可。

原料

金针菇400克。

调料

食盐、醋、生抽、葱花、香油、红辣椒、植物油各适量。

制作方法

① 金针菇切去根部洗干净，红辣椒切丁；洗干净的金针菇放入开水锅中焯烫一下，（时间要短，1分钟内一定要捞出来）；焯烫好的金针菇过凉水。

② 小碗中放入葱花和红辣椒丁，将烧热的植物油和香油浇上去，放入生抽、醋和少许食盐调成凉拌汁。

③ 沥干水的金针菇放入碗底，浇上凉拌汁，拌匀即可。

小提示

葱油金针菇
● 金针菇中含锌量比较高，有促进儿童智力发育和健脑的作用。

葱油金针菇 ▶

芹菜拌腐竹

🥘 原料

芹菜100克，腐竹150克。

🍴 调料

红辣椒、生抽、辣椒油、花椒油、食盐各适量。

🍳 制作方法

1. 腐竹用温水浸泡2小时左右，泡至发软。
2. 将腐竹放入开水中焯烫，捞出过凉，沥干水分，切段。
3. 红辣椒切成圈，芹菜切段，放入沸水中焯烫，过凉后码盘，然后均匀码上腐竹段。
4. 将干红辣椒圈、生抽、辣椒油、花椒油、食盐调成调味汁，淋在腐竹段上即可。

小提示

芹菜拌腐竹
● 含有的卵磷脂可除掉附在血管壁上的胆固醇，防止血管硬化，预防心血管疾病发生，保护心脏的功效。

原料

腐竹1小把，西芹50克。

调料

葱末、蒜末、食盐、生抽、食用油各适量。

制作方法

1. 腐竹提前泡发好，腐竹切段。
2. 西芹洗净，切段。
3. 锅中热油，放入葱末、蒜末爆香。
4. 放入西芹煸炒。
5. 加少许水、食盐、生抽调味。
6. 放入腐竹略煮片刻。
7. 煮至汤汁快干时，关火盛盘即可。

西芹腐竹

小提示

西芹腐竹
● 清热解毒，去病强身，食之能避免皮肤苍白、干燥、面色无华。

豆芽拌面筋
● 生津止渴，补血益气，活血祛瘀，安神除烦。

豆芽拌面筋

原料

面筋1块，豆芽100克，胡萝卜1根。

调料

香葱碎、蒜蓉、食盐、生抽、香醋、白糖、鸡精、麻油各适量。

制作方法

1. 将面筋切长块，与豆芽分别过沸水焯一下。胡萝卜切丝，然后把这些材料装入盘中。
2. 取一个小碗，加入香葱碎、蒜蓉、生抽、香醋、食盐、白糖、鸡精、麻油调成料汁。
3. 把调料汁浇在豆芽和面筋上，拌匀即可开吃。

椒盐平菇

🍲 原料

平菇500克。

🍴 调料

油、面粉、食盐、鸡蛋各适量。

🍳 制作方法

1. 平菇洗净，将洗净的平菇撕成小条。
2. 将平菇放入沸水中焯一下。
3. 捞出平菇，加入一些盐拌一下，放置一会。
4. 将鸡蛋打散，加入面粉和适量的水，调成糊状，不要有颗粒。
5. 平菇挤去水。
6. 将平菇放入面糊中过一遍，裹上面糊。
7. 锅中烧油，将裹好蛋糊的平菇放到锅里煎炸。
8. 煎炸到金黄色，捞出即可。

小提示

椒盐平菇
● 具有改善人体新陈代谢、增强体质等功效。

酸辣海带茎
● 海带中含有丰富的纤维素，能及时地清除肠道内废物和毒素，预防便秘的发生。

酸辣海带茎

🍲 原料

海带茎250克，泡椒20克，红辣椒20克。

🍴 调料

香油、芥末、食盐、醋各适量。

🍳 制作方法

1. 将海带茎洗净，用清水浸泡一会儿，切成齿状片，放入开水中焯熟，捞起沥干水分。
2. 把泡椒、红辣椒洗净去蒂，下油锅炝香。
3. 把炝过的泡椒、红辣椒与焯熟的海带、调味料一起装盘，拌匀即可。

Part 4 蛋奶篇

番茄炒鸡蛋

🍳 原料

番茄400克，鸡蛋2个。

🍴 调料

葱花、糖、食盐、鸡精各适量。

🍶 制作方法

1. 番茄切片，鸡蛋在碗中打散，备用；点火上锅，可以稍微热一下锅再加油，油不能太多，不然做出来的菜会油汪汪的。等油有六七成热的时候把鸡蛋倒进去，倒进去就用锅铲搅碎，不然就会形成很大块了。
2. 稍微炒几下就可以放番茄了，之后加一勺食盐，炒几下，再加半勺糖，再炒几下。直到炒出红色的汁或者说番茄皮快掉还没掉的时候加一点鸡精，炒匀。
3. 关火，撒上葱花就可以出锅了。

> **小提示**
>
> 番茄炒鸡蛋
> ● 具有养心安神、补血、滋阴润燥之功效。

青椒炒鸡蛋

原料

青椒100克，鸡蛋120克。

调料

葱末、蒜末、食盐、香油、油各适量。

制作方法

① 青椒洗净，切丁备用；将鸡蛋打入碗中，加食盐，用筷子充分搅打均匀待用。

② 锅里放3汤匙油烧热，倒入鸡蛋液，用铲子不停地搅和鸡蛋，直到凝固成鸡蛋块儿，然后把鸡蛋从锅里取出备用。

③ 锅留底油，油烧热，倒入葱末、蒜末爆香；倒入青椒丁，加少许食盐大火翻炒；再倒入炒好的鸡蛋翻炒均匀，淋入几滴香油即可。

小提示

青椒炒鸡蛋
● 具有养心安神，补血，滋阴润燥之功效。

韭菜炒鸭蛋
● 有健胃、提神、温暖作用。

韭菜炒鸭蛋

原料

韭菜250克，鸭蛋1个。

调料

料酒、胡椒粉、食盐、味精、植物油各适量。

制作方法

① 将鸭蛋打入碗内，加料酒、胡椒粉搅匀，韭菜择好，洗净，切段。

② 锅置火上，加入植物油烧热，放入蛋液，翻炒几下倒出。

③ 锅内倒油烧热，将韭菜段放入锅中，加食盐，翻炒均匀，炒至八成熟，加入鸭蛋翻炒几下，加入味精即可。

皮蛋拌豆腐

🍲 原料

南豆腐250克，皮蛋100克，红、黄、青椒各1个。

🍴 调料

食盐、辣椒油各5克，香油、味精各适量。

🍶 制作方法

1. 将豆腐放入沸水中焯一下，捞出，放凉，撒食盐，切块；红、黄、青椒切片。
2. 皮蛋去壳，洗净，切瓣。
3. 将皮蛋放入盘中摆成圆，上面加入豆腐块，再撒上红、黄、青椒片，倒入香油、辣椒油、味精即可。

黄瓜炒鸡蛋

🍲 原料

黄瓜200克，鸡蛋120克，青、红辣椒各10克。

🍴 调料

食盐少量，葱末1茶匙、植物油各适量。

🍶 制作方法

1. 黄瓜去皮，洗净切片；鸡蛋打碎；青、红辣椒洗净切片。
2. 锅内放油烧热，倒入蛋液，煎熟后盛出。
3. 再另起油锅，烧热后放入葱末和青、红辣椒略炒，放入黄瓜片翻炒两下，倒入炒好的鸡蛋，加食盐，再炒两下即可。

小提示

皮蛋拌豆腐
● 有润喉、去热、醒酒、去大肠火、治泻痢等功效。

黄瓜炒鸡蛋
● 含有丰富的维生素E，可起到延年益寿、抗衰老的作用。

奶香玉米饼

🍲 原料

鸡蛋2个，面粉、鲜玉米粒各100克，奶油40克。

🥄 调料

植物油适量。

🍵 制作方法

1. 鸡蛋打入碗中。
2. 从冰箱中取出奶油，放软后备用。
3. 将所有材料倒入大碗中，加适量水搅拌成糊状。
4. 油锅烧热，倒入面糊，小火摊成饼状即可。

小提示

奶香玉米饼
● 含有大量维生素E，增强人的体力和耐力。

卤鹌鹑蛋
● 具有补血益气、强筋壮骨之功效。

卤鹌鹑蛋

🍲 原料

鹌鹑蛋20个。

🥄 调料

八角2个，香叶2片，花椒粒、桂皮、姜片、老抽、食盐各适量。

🍵 制作方法

1. 锅中加适量水，倒入所有调味料，大火煮沸，制成卤汁。
2. 放入鹌鹑蛋，中火煮5分钟左右，煮至鹌鹑蛋熟透。
3. 捞出鹌鹑蛋，用勺子轻轻敲打鹌鹑蛋蛋壳，不要敲得太碎，将鹌鹑蛋放入容器中，倒入卤汁，静置2小时即可。

卤水鸡蛋

🥚 原料

鸡蛋6个，卤水汁瓶。

🍴 调料

香叶3片，花椒20粒，卤水汁1碗，八角1颗，小茴香2克，姜末、蒜末少许。

🍳 制作方法

1. 把鸡蛋和水一起放入锅里烧开，加盖煮15分钟，捞出放入冷水中浸泡一会。
2. 把鸡蛋全部脱壳。
3. 把姜、蒜拍碎和所有的调料用汤袋装好和卤水汁、水、鸡蛋一起放入电饭煲煮十五分钟即可，卤的时间越久鸡蛋越入味。
4. 捞出一切为二，就可以吃了。

> **小提示**
>
> 卤水鸡蛋
> ● 鸡蛋对神经系统和身体发育有很好的作用，其中含的胆碱可改善人的记忆力。

原料

苦瓜1根，鸡蛋3个，红辣椒1个。

调料

食盐、蒜碎、葱末、姜末各适量。

制作方法

1. 苦瓜洗净，对半切开，去瓤，切薄片。
2. 过热水焯30秒钟立刻捞出浸凉水，控干备用，红辣椒切片。
3. 鸡蛋打散，备用。
4. 锅里热油，加红辣椒片、葱末、姜末爆香，倒入苦瓜翻炒几下。
5. 立刻倒入蛋液，大火翻炒一小会儿，看蛋液基本凝固，加上食盐、蒜碎即刻关火，拌匀，利用余温让蛋液全部凝固。

苦瓜炒鸡蛋

小提示

苦瓜炒鸡蛋
● 具有清热消暑、养血益气、补肾健脾、滋肝明目的功效。

木耳炒鸡蛋
● 鸡蛋中的蛋白质对肝脏组织损伤有修复作用。

原料

鸡蛋3个，木耳40克，青椒、红椒各适量。

调料

食盐、油各适量。

制作方法

1. 鸡蛋磕入碗中，加入盐，打散成鸡蛋液；木耳用温水泡发、洗净，撕成小片；青椒、红椒均洗净，切段。
2. 锅中入食用油烧热，放入青椒段、红椒段、木耳片翻炒，调入食盐炒至快熟时盛出。
3. 另起锅热油，倒入鸡蛋液炒至凝固，加入炒好的木耳片、青椒段、红椒段同炒至熟，起锅盛入盘中即可。

木耳炒鸡蛋

木瓜炖牛奶

🐨 原料

木瓜半个，牛奶200克。

🥄 调料

冰糖20克。

🥤 制作方法

1. 将木瓜去皮，挖去籽和瓤。
2. 将木瓜切成小丁备用。
3. 取一大碗，将牛奶、木瓜、冰糖倒入碗中混合，包上保鲜膜，入锅蒸15~20分钟即可。

绿豆沙牛奶

🐨 原料

去壳绿豆仁200克，牛奶250毫升。

🥄 调料

细砂糖、冰块适量。

🥤 制作方法

1. 去壳绿豆仁清洗干净，沥干水分，倒入冷水400毫升浸泡3小时。
2. 放入电锅中，外锅加1.5杯水。
3. 按下电锅按钮，蒸煮到跳起来,再焖30分钟。
4. 趁热加入细砂糖搅拌均匀。
5. 放凉即可使用绿豆沙。
6. 加入绿豆沙到果汁机中。
7. 加入牛奶及冰块，开始搅打即可。

小提示

木瓜炖牛奶
- 能消化蛋白质，有利于人体对食物进行消化和吸收，故有健脾消食之功效。

绿豆沙牛奶
- 具有抑菌作用，可以增强机体免疫功能。

紫菜蛋汤

🍲 原料

鸡蛋3个，紫菜1块。

🍴 调料

小葱、食盐、香油各适量。

🥄 制作方法

1. 鸡蛋打入碗里，加点盐，滑散。
2. 紫菜洗一下，小葱切成葱花。
3. 水开后，将火关小，将打好的蛋液围绕中间沸腾的水倒入。
4. 为了使蛋花比较嫩，锅盖盖上熄火，等半分钟后再打开。
5. 加入洗好的紫菜，加点食盐、葱花、香油即可。

小提示

紫菜蛋汤
● 富含胆碱和钙、铁，能增强记忆，促进骨骼、牙齿的生长和保健。

🦪 原料

牛奶250毫升，鸡蛋2个，蜜豆适量。

🍴 调料

白砂糖20克。

🍲 制作方法

1. 牛奶煮至微沸，倒入碗中，静置至表面形成奶皮。
2. 将鸡蛋的蛋黄和蛋清分离，在蛋清中加入白砂糖，充分打散。
3. 将碗中的牛奶倒出来，将奶皮留在碗底。
4. 将牛奶和蛋清混合均匀，过筛。
5. 将牛奶蛋清液缓缓倒回碗中，使奶皮浮到表面。
6. 将保鲜膜覆在碗上，然后放入蒸锅中，用大火蒸，转小火再蒸15五分钟，关火。
7. 在锅中继续放10分钟，晾凉后撒上蜜豆即可。

蜜豆双皮奶

小提示

蜜豆双皮奶
● 具有益气补血的功效。

芒果西米露
● 含有大量的膳食纤维，可以促进排便，对于防治便秘具有一定的好处。

芒果西米露

🦪 原料

芒果1个，牛奶200克，西米适量。

🍴 调料

蜂蜜适量。

🍲 制作方法

1. 锅中加水煮沸，加入西米。
2. 中大火煮10分钟，关火焖15分钟，取出冲凉。
3. 锅中换水煮沸，放入冲凉的西米。
4. 中大火煮5分钟，关火再焖15分钟，直至无白芯，备用。
5. 芒果切丁，和蜂蜜、西米、牛奶搅拌均匀即可。

鸡蛋馅饼

🥘 原料

面粉400克，韭菜250克，鸡蛋2个，木耳适量。

🍴 调料

色拉油、姜末、食盐、香油各适量。

🍲 制作方法

1. 韭菜洗干净后控干水分，切碎；木耳洗净，切碎。
2. 鸡蛋打散，平底锅里加一点油，烧热后倒入蛋液，蛋液倒进去后就用小铲不停搅拌，随着蛋液凝固，鸡蛋碎也就炒好了。
3. 将韭菜、鸡蛋碎、木耳碎、姜末放入同一碗中，加入适量香油、食盐拌匀成馅料。
4. 把饧好的面团轻轻揉匀，搓成长条，切出面剂，和上一步馅料包成碗大小一样的薄饼即可。
5. 将温水分次加入面粉中，用筷子搅拌成面絮，和成面团即可，和好的面团盖上保鲜膜饧20分钟左右。
6. 把平底锅提前烘热，再加油继续烧热，然后依次放入馅饼，中小火烙至两面金黄色就好了。

> **小提示**
>
> 鸡蛋馅饼
> ● 鸡蛋蛋黄中卵磷脂可促进肝细胞的再生，提高人体血浆蛋白量、增强肌体的代谢功能和免疫功效。

鸡蛋韭菜软饼

🍲 原料

面粉220克，鸡蛋3个，韭菜1小把。

🍴 调料

油、胡椒粉、食盐各适量。

🥄 制作方法

1. 洗净韭菜，切碎。
2. 面粉加等量的水搅成糊，放入打散的鸡蛋。
3. 放入切碎的韭菜，调匀。
4. 加少许食盐及胡椒粉。
5. 锅中热油，倒入适量韭菜面糊，不用太厚。
6. 一面煎好后翻面。
7. 保持中火，两面煎好后出锅。

小提示

鸡蛋韭菜软饼
● 含有较丰富的铁，铁元素在人体内起造血和在血中运输氧和营养物质的作用。

西红柿鸡蛋汤
● 对神经系统和身体发育有很好的作用。

西红柿鸡蛋汤

🍲 原料

西红柿1个，鸡蛋2个。

🍴 调料

色拉油、芝麻油、盐各适量。

🥄 制作方法

1. 将西红柿洗净，切小碎块。
2. 炒锅放适量色拉油烧热，然后倒入西红柿碎块翻炒出红油，然后再放入3碗水多煮一会儿。
3. 将鸡蛋打入碗中放几滴水搅匀。
4. 然后慢慢淋在汤锅的整个表面上，过几分钟关火，倒点芝麻油搅匀即可。

杨枝甘露

🦐 原料

芒果、红西柚各1个，西米100克，牛奶、椰浆各200毫升，淡奶油适量。

🍴 调料

白糖适量。

🥘 制作方法

1. 西米放入锅中，加入水，大火煮开后，转小火再煮10分钟。
2. 加盖，将西米浸泡15分钟后捞出，冲洗表面的黏液。
3. 将西米再次放入锅中，加适量水，煮沸。
4. 转小火再煮10分钟，加盖焖15分钟，捞出。
5. 芒果去皮，对半切开，一半放入榨汁机中，榨成芒果泥；一半切成小块。
6. 将牛奶、椰浆倒入容器中，加适量白糖调味，备用。
7. 西柚去皮，切块，和芒果块一同放入容器中，浇上牛奶椰浆、芒果泥、西米、淡奶油即可。

小提示

杨枝甘露
● 有健脾、补肺、化痰的功效，有治脾胃虚弱和消化不良的作用；西米还有使皮肤恢复天然润泽的功能。

辣子炒荷包蛋

 原料

鸡蛋5个，青、红辣椒200克。

调料

蒜、花生油、酱油、食盐、姜、豆豉各适量。

 制作方法

1. 将辣椒洗净，切成圈，姜切末，蒜切片。
2. 锅放油烧热，打入鸡蛋，两面煎熟透，逐一煎好。
3. 把煎好的蛋，切成小块。
4. 另锅放少许油，加入姜末、蒜片、豆豉炒香。
5. 放入青、红辣椒圈、少许食盐和切好的煎蛋。
6. 放一点酱油翻炒，使鸡蛋滋润入味。

小提示

辣子炒荷包蛋
● 具有开胃消食、暖胃驱寒、美容肌肤、降脂减脂、促进血液循环等功效。

木瓜牛奶汁

抹茶牛奶汁

原料

木瓜1个，牛奶250毫升。

原料

抹茶粉1袋，牛奶200毫升。

调料

蜂蜜适量。

调料

糖适量。

制作方法

1. 木瓜洗净，去皮、去籽切成小块。
2. 切好的木瓜倒入料理机中。
3. 加入适量牛奶。
4. 再加入适量蜂蜜。
5. 搅拌成汁，即可饮用。

制作方法

1. 一杯牛奶，加1/2茶匙抹茶粉，1勺糖，放入搅拌机搅打一下。
2. 倒入奶锅里，加热到合适的温度即可。

小提示

木瓜牛奶汁
● 可有效补充人体的养分，增强机体的抗病能力。

抹茶牛奶汁
● 对增强机体免疫、防衰老都有显著的效果。

🍴 原料

黑巧克力50克，牛奶250毫升。

调料

橙子酒适量。

🍶 制作方法

1. 奶锅里加水，放入黑巧克力加热至融化。
2. 倒入牛奶加热至沸腾。
3. 关火加入橙子酒。

小提示

热巧克力牛奶
- 抗氧化食品，对延缓衰老有一定功效。

热巧克力牛奶

芒果奶昔

🍴 原料

芒果1个，牛奶300毫升。

调料

蜂蜜适量。

🍶 制作方法

1. 芒果洗净，去皮，切小块。
2. 将芒果、冰块放入料理机。
3. 倒入牛奶。
4. 加入蜂蜜。
5. 搅拌至无颗粒、柔滑状，装入杯中饮用。

小提示

芒果奶昔
- 具有清肠胃的功效，对于晕车、晕船有一定的止吐作用。

原料

蓝莓30克,香蕉60克。

调料

小樱桃3颗,酸奶、冰块、苹果汁适量。

制作方法

① 蓝莓放入榨汁机。
② 放入切成块的香蕉。
③ 加入苹果汁、酸奶、冰块。
④ 启动搅拌机搅打,倒入杯中,放3颗樱桃即可。

小提示

蓝莓奶昔
● 提高心脏疾病的抗氧化能力。

蓝莓奶昔

草莓奶昔

原料

草莓100克,牛奶1/2杯。

调料

果糖适量。

 制作方法

① 提前把牛奶放入冰箱,冷冻成奶块。
② 把冻好的奶块用刨冰机做成冰渣。
③ 草莓洗净,同牛奶冰渣一同放入搅拌机中打碎拌匀。
④ 根据自己的口味加入适量的果糖。

小提示

草莓奶昔
● 对肠道和贫血均有一定的滋补调理作用。

尖椒皮蛋

 原料

皮蛋5个，青、红尖椒2个。

调料

葱末、姜末、蒜末、味极鲜酱油、盐、糖、味精、醋、花椒、干红辣椒各适量。

制作方法

1. 将皮蛋切块，摆盘装好。
2. 在碗中放入葱末、姜末、蒜末，加入味极鲜酱油、盐、糖、味精、醋调成味汁。
3. 尖椒切圈，洒在皮蛋上。
4. 锅中热油，放入花椒、干辣椒，爆香做成香喷喷的花椒油，把花椒油倒在调好的味汁里。
5. 把弄好的叶汁倒在皮蛋上。

小提示

尖椒皮蛋
● 增加食欲、帮助消化。辣椒强烈的香辣味能刺激唾液和胃液的分泌，增加食欲，促进肠道蠕动，帮助消化。

🐨 原料

红豆1小把，牛奶200毫升，红茶包1包。

🍴 调料

白糖适量。

🥄 制作方法

① 红豆提前浸泡一夜，将泡好的红豆放在锅里煮，同时放入适量的白糖。

② 用高压锅煮熟红豆。

③ 将牛奶倒入锅中加热，快沸腾时放入红茶包，关火。

④ 把煮好的奶盖好盖子，放置2~3分钟，直到焖出颜色和香味，取出红茶包。

⑤ 将煮好的红豆奶茶舀入杯中，可以享用了！

红豆奶茶

小提示

红豆奶茶
● 具有促进血液循环、强化体力，增强抵抗力的功效。

菜脯煎蛋
● 对热病烦闷、燥咳声哑、目赤咽痛、胎动不安、产后口渴有效。

菜脯煎蛋

🐨 原料

鸡蛋4个，菜脯50克。

🍴 调料

食盐、葱、油、淀粉适量。

🥄 制作方法

① 菜脯用水浸泡一会儿，把盐分除去后切丁。

② 锅中烧油，放入菜脯丁炒香。

③ 鸡蛋打散后，加入少量淀粉搅拌均匀。

④ 将菜脯丁、葱花、食盐放入鸡蛋液里拌匀。

⑤ 平底锅热锅下油，把蛋液一面煎黄。

⑥ 翻面煎熟后上碟。

🥗 原料

苹果、草莓、葡萄、雪梨、樱桃、圣女果各1个。

🍴 调料

牛奶沙拉酱适量。

🥄 制作方法

1. 将苹果、草莓、葡萄、雪梨、樱桃、圣女果，全部洗净，苹果、雪梨洗净，切丁。
2. 将所有水果放入大碗内，加入牛奶沙拉酱拌匀，令水果全部裹上一层牛奶沙拉酱。
3. 将拌好的水果沙拉倒入造型容器内，点缀上装饰即可食用。

水果沙拉

小提示

水果沙拉
● 对神经衰弱、疲劳过度大有裨益。

番茄牛奶
● 可使皮肤保持光滑滋润。

番茄牛奶

🥗 原料

大蕃茄1颗，牛奶1/2杯。

🍴 调料

果糖适量。

🥄 制作方法

1. 将番茄洗净，去蒂，切成小块状。
2. 番茄放入果汁机中，加入1/2杯的水。
3. 盖上盖子，按下开关将番茄块稍打碎，再加入牛奶。
4. 接着加入果糖。
5. 盖紧盖子，启动果汁机直到所有材料都打成汁。
6. 用筛网过滤掉果粒残渣，营养的番茄牛奶呈现在眼前。

农家鸡蛋饼

🥘 原料

鸡蛋5个，面粉150克。

🍴 调料

香菜1小把，香葱、食盐、油各适量。

🍳 制作方法

1. 在深碗中打散鸡蛋，调入食盐和水后搅匀。
2. 用筛网把面粉筛入，搅和均匀成面糊（确认没有小面团）。最后撒入香葱（切小粒）。
3. 中火加热平底不粘锅，均匀抹入一层薄油，倒入一大勺鸡蛋面糊。判断面糊最佳的稀稠程度是：轻轻晃动锅体，面糊能够均匀地向平底锅四周散开，很快流平。
4. 待蛋饼单面固定后，用铲子翻面，把另一面也烙熟定形，盛盘后放点香菜点缀即可。

小提示

农家鸡蛋饼
● 鸡蛋中蛋白质对肝脏组织损伤有修复作用，蛋黄中的卵磷脂可促进肝细胞的再生，还可提高人体血浆蛋白量，增强肌体的代谢功能和免疫功能。

鸡蛋灌饼

🥘 原料

面粉300克，鸡蛋200克。

🍴 调料

植物油、食盐、胡椒粉、香葱各适量。

🍳 制作方法

1. 葱切成小细碎，鸡蛋备用。
2. 温水和面，面团稍软些，面揉好后用保鲜膜裹好静置15分钟。
3. 将鸡蛋打散，加入葱碎、食盐和一点胡椒粉。
4. 将面团分成小剂子，取一个剂子擀成圆饼，上刷一层油，将圆饼对折，卷成一个小面团，从一边卷起来，将面团压扁，再擀成一个圆饼，电煎锅中倒油，六七成热时放入饼。
5. 将饼煎至两面金黄，用筷子挑开鼓起的饼皮，把鼓起气泡的地方用筷子弄通。
6. 把打好的鸡蛋液灌进饼中，待蛋液稍微凝固，翻面继续煎饼，待蛋液熟透就可以了。
7. 将饼切开就可以吃了。

小提示

鸡蛋灌饼

● 鸡蛋中还含有较丰富的铁，铁元素在人体起造血和在血中运输氧和营养物质的作用。人的颜面泛出红润之美，离不开铁元素。

原料

胡萝卜一根（300克左右），面粉70克，鸡蛋3个，韭菜30克，小米辣椒5个。

调料

蒜4瓣，植物油、食盐各适量。

制作方法

1. 胡萝卜洗净切碎；鸡蛋打散；韭菜洗净切碎；小米辣椒切小圈；蒜捣成泥。
2. 面粉加入打散的鸡蛋中，拌至无颗粒，加入蒜泥和小米辣椒圈。
3. 锅中放少许油，加入胡萝卜碎、韭菜碎翻炒1~2分钟。
4. 将炒好的胡萝卜碎和韭菜碎放入蛋面糊中，放入适量的食盐拌均匀。将面糊舀入小半底锅中，小火加热，至四周凝固，面糊底基本定型。
5. 翻面再小火加热1分钟左右，至蛋饼熟即可。

小提示

葱花鸡蛋饼
● 营养成分是碳水化合物、蛋白质、脂肪等，由于烧饼在制作过程中会加入大量的植物油，一次食用不宜过多。

葱花鸡蛋饼

🐻 原料

甜玉米2个，牛奶500毫升。

🍴 调料

白糖适量。

🍹 制作方法

1. 洗净的玉米切成段，用刀顺着玉米棒，将玉米粒切下来。把玉米粒倒入锅中，再倒入清水，水量以淹没玉米粒就好。
2. 大火煮开，改用小火煮8~10分钟关火。
3. 稍凉之后将玉米和水一起倒入搅拌机中，搅打成玉米糊状。
4. 将打好的玉米糊过筛，因为比较稠筛会比较缓慢，用勺子按压将玉米汁压出来。
5. 在滤好的玉米汁中加入牛奶和少量白糖搅拌。

牛奶玉米饮 ▶

小提示

牛奶玉米饮
● 有良好的通便效果，可缓解老年人习惯性便秘。

牛奶香蕉汁
● 能缓和胃酸的刺激，保护胃黏膜。

牛奶香蕉汁

🐻 原料

香蕉1根，牛奶2瓶。

🍴 调料

白糖适量。

🍹 制作方法

1. 把1根香蕉剥皮。
2. 切成段，放搅拌机里。
3. 倒入2瓶牛奶，冰的牛奶味道会更好。
4. 进行搅拌，不要搅拌时间太久，这样牛奶里会有香蕉颗粒。
5. 倒入杯子里，根据自己的品味加入适量的白糖即可。

Part 5 五谷杂粮篇

原料

中筋面粉300克，芝麻酱少许。

调料

白糖、发酵粉、泡打粉各适量。

制作方法

1. 用温水将白糖化开，加入发酵粉和泡打粉搅拌均匀，加入面粉揉成面团，发酵45分钟。
2. 将发酵好的面团切成两半，一半加入芝麻酱揉搓，揉搓至芝麻酱与面团完全混合。
3. 将两种面团分别擀成长方形片，重叠起来卷成筒状，用刀切成平均大小的块，再发酵20分钟。将发酵好的馒头生坯放进蒸屉里，用大火蒸10分钟即可。

小提示

双色馒头
- 有养心益肾、除热止渴的功效。

双色馒头

原料

面团300克。

调料

油15克，盐5克。

制作方法

1. 取出面团，在案板上推揉至光滑。
2. 取用通心槌擀成约0.5厘米厚的片。
3. 取用油涮均匀刷上一层油，撒上盐，用手拍平抹匀，从边缘起卷成圆筒形。
4. 取切成2.5厘米(约50克)宽、大小均匀的生坯，用筷子从中间压下。
5. 用两手捏住两头向反方向旋转一周，捏紧剂口，即成花卷生坯。
6. 饧发15分钟即可上笼，蒸熟取出摆盘即可。

圆花卷

小提示

圆花卷
● 面粉富含蛋白质和维生素等，有养心益肾、除热止渴的功效。

绿豆汁
● 能够清暑益气、止渴利尿。

绿豆汁

原料

绿豆500克。

调料

白糖150克。

制作方法

1. 绿豆洗净后，用清水泡上2~3个小时。
2. 电磁炉设定十分钟，开煮，大火煮开后，中火煮。
3. 煮至绿豆开花，加入适量白糖。
4. 在打汁机里放几勺煮好的绿豆，加入绿豆水打汁即可。

八宝粥

📦 原料

大米50克，糯米50克，莲子20克，桂圆肉20克，红小豆30克，枸杞子20克，红枣40克，花生20克。

🍴 调料

白糖适量。

🥄 制作方法

1. 红小豆淘洗干净，加水浸泡24小时。
2. 除红小豆外的其他用料洗净，放入锅中，加入浸泡过的红小豆，再加入适量清水，大火煮开，转中小火继续熬煮至黏稠即可。

小提示

八宝粥
● 具有化湿补脾之功效，对脾胃虚弱的人比较适合，在食疗中常被用于高血压、动脉粥样硬化、各种原因引起的水肿及消暑、解热毒、健胃等多种用途。

🍲 原料

南瓜1个，糯米粉200克，藕粉、香菇、竹笋各适量。

🍴 调料

酱油、白糖、油各适量。

🍳 制作方法

① 南瓜去皮，切块，上锅蒸20分钟，碾成泥状。

② 香菇用温水浸泡20分钟，捞出，挤干水分，香菇、竹笋切丁。

③ 烧锅热油，放入香菇丁、竹笋丁，加入酱油、白糖炒香，当馅备用。

④ 藕粉用温水搅拌均匀，和糯米粉、南瓜、油揉成面团。将面团分成若干份，擀成包子皮状，包入适量的馅。将南瓜包放入蒸笼，每隔3分钟掀一次锅盖，蒸10分钟即可。

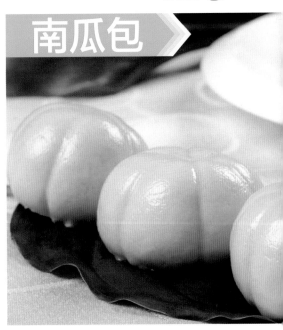

南瓜包

小提示

南瓜包
● 促进胆汁分泌，免受粗糙食品刺激，加强胃肠蠕动，帮助食物消化。

玉米面发糕
● 含钙、铁质较多，可防止高血压、冠心病。

玉米面发糕

🍲 原料

玉米面300克，白糖150克，红枣少许。

🍴 调料

酵母10克，小苏打3克。

🍳 制作方法

① 将玉米面放入盆中，加酵母和适量温水，搅拌均匀，静置发酵。

② 待玉米面发酵好，放入红枣、白糖、小苏打揉匀，稍饧一会儿。

③ 笼屉内铺上湿屉布，倒入饧好的玉米面，铺平，用大火蒸约15分钟。将蒸好的玉米面发糕放在案板上，晾凉，切成小块即可。

香葱花卷

原料

面粉200克。

调料

酵母(干)、色拉油、椒盐、葱各适量。

制作方法

1. 酵母加温水搅匀，待溶化后备用，香葱切碎备用。
2. 酵母水与面粉混合，揉成光滑面团。
3. 将面团放在室温下松驰5分钟，即可开始整形。
4. 案面板撒少许面粉，将面团擀成长约30厘米、宽约20厘米的长方形。
5. 在面团表面刷少许色拉油，均匀撒上椒盐，放上香葱碎。
6. 将面团向内折1/3，并在反折后的面团表面均匀地刷上色拉油，再将另一边面团对折黏紧。
7. 分别切出宽约2厘米的剂子，将两个剂子重叠，再用细筷子放在剂子的中心位置，用筷子将剂子压到底，取出筷子，轻轻将面团拉长，面团松驰3分钟。
8. 将面团底部对折，再用双手慢慢再次将面团拉长，用手将面团绕一圈，接着把面团头尾黏合。
9. 将卷好的面团放在防粘布上，直接放入蒸笼内，盖上盖，最后发酵约20分钟。
10. 面团发酵好，锅中放入冷水，将蒸笼放在锅上，待水沸腾，用大火蒸约12分钟。

小提示

香葱花卷
● 对疲倦、腰酸背痛、食欲不振、脚气病、癞皮病及各种皮肤病均有一定的预防和食疗效果。

🐷 原料

面粉150克，虾皮100克，鸡蛋1颗，白萝卜1个，
绞肉200克，红葱头丝半个，芝麻100克。

🍴 调料

油酥、XO酱、胡椒粉、葱白丝、食盐、酵
母粉、糖、植物油、猪油各适量。

🍲 制作方法

1. 白萝卜洗净，切丝，过滚水15秒，捞起后压干水分，鸡蛋分出蛋黄和蛋液备用。
2. 起锅下植物油炒葱白丝、红葱头丝、虾皮及绞肉。
3. 锅中放入步骤1的白萝卜丝，步骤2的炒料、蛋清及XO酱，加食盐及胡椒粉调味。搅拌均匀，备用。
4. 酵母粉中加入10摄氏度的温水，静置10分钟，面粉过筛，加糖搅拌均匀，面粉加水，搅拌成雪花状。加油搅拌，再加入静置后的酵母搅拌成团。
5. 将面团抹点植物油，放在锅中，盖上保鲜膜，静置15分钟松弛，长条切小块，每块约15克，搓圆成油酥。
6. 面粉过筛，加入猪油。手戴料理手套，将猪油及面粉搓匀。油酥切小块，每块约10克，搓圆。稍微擀成圆扁状。放虎口，加上1颗油酥。饼皮收口朝下，双手将饼两边压一下，呈长条状。
7. 用擀面棍上下擀成椭圆形，将面皮卷起，两边收口，擀面棍放在收口上往下压，上下左右擀成圆片。片皮放虎口，放馅。包起来，收口收紧。收口朝下。刷蛋黄液，洒上芝麻。烤箱打至180度预热十分钟，烤20～25分钟左右即可。

> **小提示**
>
> 萝卜丝酥饼
> ● 含有多种维生素和微量元素，在人体抵抗力较差的冬季，能提高人体的抵抗力，能提高预防感冒感染的能力。

萝卜丝酥饼

土豆丝盖浇饭

原料

土豆1个，白米饭1碗。

调料

油、醋、盐、葱花末、番茄汁各适量。

制作方法

① 土豆洗净，切丝备用。

② 锅内放油，热后放入葱花末翻炒。

③ 放入土豆丝翻炒，加入适量番茄汁和醋。

④ 放入适量水和食盐，熟后关火。

⑤ 米饭适量准备好。

⑥ 将做好的土豆丝浇在米饭上面。

小提示

土豆丝盖浇饭
● 保养容颜的功效。

西红柿鸡蛋盖饭
● 抵抗衰老，增强免疫系统，减少疾病的发生。

西红柿鸡蛋盖饭

原料

米饭200克，西红柿1个，葱1根，鸡蛋2个。

调料

油、盐各适量。

制作方法

① 西红柿洗净，切成小块；葱洗净，切成葱花。

② 油锅预热。倒入打散的鸡蛋，炒熟盛出。

③ 准备一碗米饭。

④ 锅内倒入油预热，倒入葱花和西红柿。

⑤ 待西红柿炒出汁来，倒入炒好的鸡蛋。放些盐即可。

⑥ 将炒好的西红柿炒鸡蛋铺在米饭上即可。

奶香黑米馒头

🥣 原料

面粉200克，黑米粉100克，牛奶250毫升。

🍴 调料

发酵粉适量。

🥄 制作方法

1. 将面粉、黑米粉、发酵粉混合后用牛奶和成软硬适中的面团。
2. 盖保鲜膜发酵4小时左右。
3. 发好的面团放面板上反复揉匀。
4. 将面团揪成小面剂，揉成馒头胚子。
5. 上笼屉蒸15分钟即可。

小提示

奶香黑米馒头
● 具有滋阴补肾、健脾暖肝、补益脾胃、益气活血、养肝明目等疗效。

刀切馒头

🐾 原料

面粉500克。

🍴 调料

酵母（干）适量。

🍎 制作方法

1 将酵母倒入温水中，搅拌均匀后放置5分钟。

2 在碗中放入面粉，将酵母水慢慢分次倒入。

3 边倒水，边用筷子搅拌，直到面粉开始结成块。

4 用手反复搓揉，待面粉揉成团时，用湿布盖在面团上，静置40分钟。

5 面团膨胀到两倍大，且内部充满气泡和蜂窝组织时，此时面就发好了。

6 在面板上撒上适量干面粉，取出发酵好的面团，用力揉成表面光滑的长条。

7 切成大小均匀的馒头生坯，放在干面粉上再次发酵10分钟。

8 蒸锅内加入凉水，垫上蒸布，放入馒头生坯，用中火蒸15分钟，馒头蒸熟后关火，先不要揭开盖子，静置5分钟后再出锅。

小提示

刀切馒头
● 具有养心益肾、健脾厚肠、除热止渴的功效。

紫薯粥

银耳粥

原料

大米200克，紫薯1个。

原料

大米50克，银耳20克，紫薯片40克。

调料

白果、白糖适量。

调料

冰糖适量。

制作方法

1. 紫薯1个，洗净。大米半碗，洗净备用。
2. 紫薯削皮，切成滚刀块。
3. 锅中放水，水开之后下入大米，大火烧开。
4. 然后加入紫薯、几个白果。
5. 大火煮沸后转中小火，等到米开花，粥熬黏稠后关火，加点白糖即可。

制作方法

1. 大米淘洗干净，浸泡2小时；银耳泡发，去蒂，洗净，撕成小朵备用。
2. 锅置火上，倒入适量清水煮沸，放入大米和紫薯片再煮沸。
3. 放入银耳，改小火煮至大米开花熟透，放冰糖煮至化开即可。

小提示

紫薯粥
● 具有养胃的作用，还有补血的功能。

银耳粥
● 提高肝脏解毒能力，保护肝脏，增强机体的免疫能力。

青豆炒饭

 原料

米饭200克，鸡蛋2个，青豆、洋葱各60克。

调料

油、食盐、葱花各适量。

制作方法

1 将鸡蛋打散成蛋液放入碗中，洋葱洗净，切末。

2 热锅烧油，将青豆、葱花、洋葱末炒熟待用。

2 另锅热油，倒入鸡蛋液，加少量盐炒成鸡蛋块，装盘待用。

3 油加热，倒入米饭，翻炒后加入炒好的鸡蛋块、青豆、葱花、洋葱末，加入盐搅拌均匀即可盛出。

小提示

青豆炒饭
● 含有蛋白质和纤维、维生素A、维生素C、钙、磷、钾、铁，具有养心安神，补血，滋阴润燥之功效。

荞麦馒头

🐷 原料

荞麦粉500克，面粉500克。

🍴 调料

白糖、酵母适量

🍳 制作方法

1. 酵母放碗里，加入少量温热水搅匀备用。
2. 面粉、荞麦粉、白糖混合好放盆里，加入酵母和水。
3. 揉成光滑的面团，盖保鲜膜放温暖的地方饧发。
4. 面发好后，从中间纵向断开，揉成长条，切成大小合适的剂子并揉成馒头的形状。
5. 放蒸屉里入蒸锅继续饧发20分钟，饧发好后开火蒸20分钟，关火后虚蒸5分钟即可。

小提示

荞麦馒头
● 含有丰富的维生素P，可以增强血管的弹性、韧性和致密性。又有保护血管的作用。

南瓜小米粥

🦪 原料

南瓜半个，小米200克。

🍴 调料

白糖适量。

🥣 制作方法

1. 将南瓜去皮切薄片，小米洗净。锅里放适量清水，水开后放入南瓜和小米，大火煮开。
2. 转成小火，慢慢熬到小米开花，南瓜煮化。

小提示

南瓜小米粥
● 调节胰岛素的平衡，维持正常的血压和血糖，也是肥胖者的理想减肥食品。

玉米提子糕
● 可清除血液中有害的胆固醇，防止动脉硬化。

🦪 原料

普通面粉110克，玉米粉70克，脱脂奶粉7克，葡萄干适量。

🍴 调料

白糖、酵母各适量。

玉米提子糕

🥣 制作方法

1. 将玉米粉、面粉、白糖、奶粉、酵母全部混合均匀。
2. 加入适量的清水，顺时针方向用力搅拌均匀成稍稠但可流动的面糊。
3. 把搅好的面糊到入蒸碗中，盖上盖，室温下发酵至两倍大。
4. 发酵完成，取葡萄干适量撒在发好的面糊上。
5. 将蒸碗放入蒸锅中，开中火冷水上汽后二十分钟即可关火。关火后待三分钟再揭盖，以免糕体回缩。

螺旋彩纹馒头

🥘 原料

面粉800克，紫薯2个，牛奶350克。

🍴 调料

酵母、白糖各适量。

🥄 制作方法

① 紫薯上屉蒸熟，趁热去皮碾压碎，过筛成紫薯泥。取80克与面粉、酵母、白糖混合，少量多次地加入牛奶，揉成光滑面团。同样的方法，做好白色面团，将两个面团加盖保鲜膜，放在温暖处松弛至约2倍大。

② 将两块发酵好的面团取出，分别加入干面粉反复揉搓排气，反复用力揉搓20分钟，直至面团排净空气，面团手感光滑、有劲度。

③ 将白团分成2份，取一块白面团和紫薯面团分别擀成厚薄均匀、大小相当的面皮。白面皮上刷一层水，将紫薯面皮叠放在上面，自上而下地卷起，底边也刷水收紧，用刀均匀地切8份，取一小份竖起，压扁，擀开成面皮。

④ 将剩下的1份白面团也分成8份，双色面皮包上一块白面团，像包包子一样，捏紧收圆，用两手搓高，成馒头形。蒸锅加冷水，将生坯放在铺垫好的锅中，盖上锅盖，饧发15分钟，直接开大火蒸制，水开后转中火蒸15分钟，关火3分钟后开盖。

小提示

螺旋彩纹馒头
> ● 可促进肠胃蠕动，清理肠腔内滞留的黏液、积气和腐败物，保持大便畅通，改善消化道环境，防止胃肠道疾病的发生。

刺猬豆沙包

🍲 原料

面粉350克，红豆沙馅适量。

🍴 调料

黑豆、胡萝卜片、温水90克，酵母粉3克。

🥢 制作方法

1. 面粉和水混合成不干燥的面絮，将面絮揉捏成一团，直至水加完，

2. 当面团发酵至差不多2倍大时，将面团取出，再揉一揉，排气。最后揉成长条，分割成小剂子。

3. 把面团放置在案板上，用力反复揉搓至面团表面光滑。盖上湿布，放置温暖处发酵1小时。

4. 将剂子滚圆、压扁，擀成中间厚四周薄的面片，放入红豆沙馅，收口包好。

5. 将包子稍稍揉一下，调整成一头稍尖的水滴状，收口朝下，用剪刀依次剪出刺猬的小刺，再取2颗黑豆安在前端的两侧做刺猬的眼睛。

6. 锅中放水，放上蒸屉。蒸屉里铺上胡萝卜片，将刺猬放在萝卜片上，盖上锅盖，静置10分钟。

7. 10分钟后，开大火蒸，水开后看见明显的蒸汽，调成中火，继续蒸10分钟。

8. 蒸好后关火。别揭开锅盖，焖上5分钟再出锅。

> **小提示**
>
> 刺猬豆沙包
> ● 有健脾益胃、清热解毒、利水、消肿作用。

🐨 原料

自发面粉500克。

🍴 调料

植物油、白糖、炼乳、蜂蜜各适量。

🥢 制作方法

1️⃣ 自发面粉放入盆中，加入白糖、炼乳和成面团，用湿布盖严，饧30分钟。

2️⃣ 面团搓成均匀的长条状，用刀切成等大的小方块，即做成馒头生坯。

3️⃣ 将做好的馒头放入蒸锅中用大火蒸10~20分钟。

4️⃣ 取出一半，在馒头表面切"一字刀"，放入七成热的油锅中炸至金黄捞出，沥油，放入盘中。

5️⃣ 取另一半蒸好的馒头与炸好的金馒头间隔摆盘，中间放上用炼乳和蜜蜂调制好的蘸料即可。

> 小提示
>
> 金银馒头
> 🔴 炼乳含有蛋白质、脂肪、碳水化合物、维生素A、B族维生素、钙、磷、钾、镁等营养素，为身体补充能量，具有维护视力及皮肤健康、补充钙质、强化骨骼的作用。

金银馒头

南瓜绿豆汤

🥣 原料

绿豆500克，南瓜1个。

🍴 调料

白糖150克。

🍲 制作方法

1. 绿豆洗净，用水泡半个小时。
2. 绿豆沥干水分，倒入锅内开火煮。
3. 南瓜削皮，去瓤，洗净。
4. 切成5厘米左右的南瓜块。
5. 绿豆煮到开花。
6. 倒入切好的南瓜块。
7. 中火开始煮，煮到南瓜变软即可。

小提示

南瓜绿豆汤
● 有抑菌作用，可以增强机体免疫功能。

红豆甘薯糖水
● 所含膳食纤维有促进胃肠蠕动、预防便秘的作用。

🥣 原料

红豆300克，黄心番薯1个。

🍴 调料

红赤糖适量。

🍲 制作方法

1. 红豆洗净，用水泡三个小时。
2. 黄心番薯去皮洗净，切成大小适中的块。
3. 煮锅中加入红豆和水，大火烧开后转中火，煮一个小时左右，煮熟红豆，加入切好的番薯块，继续煮二十分钟。煮至红豆番薯都软烂。
4. 最后加入红赤糖调味。

红豆甘薯糖水

小米糕

🍲 原料

小米110克，鸡蛋4个。

🍴 调料

炼乳、无味色拉油、白糖各适量。

🥄 制作方法

1. 小米洗净浸泡24小时，浸泡好后沥干。
2. 鸡蛋打入无水无油的盆内，把蛋黄分离出来，放一边备用。
3. 把小米、蛋黄、炼乳、色拉油放入料理机，打成小米糊。
4. 把蛋白、糖分三次加入打至硬性发泡。
5. 硬性发泡，是指提起打蛋机后，蛋白呈两个小尖角的状态。
6. 将三分之一蛋白和小米糊拌匀后全部倒入蛋白盆里，搅拌均匀，倒入八寸蛋糕模具，把气泡振开。
7. 把模具放在蒸屉上，冷水蒸锅中加入冷水，水开后开中火蒸30分钟。关火后闷5分钟后即可揭盖。

小提示

小米糕
● 具有滋阴养血的功效，可以使产妇虚寒的体质得到调养，帮助她们恢复体力。小米对泻肚子、呕吐、消化不良及糖尿者都有益处。

小米面摊黄

🥢 原料

小米面粉200克，普通面粉100克。

🍴 调料

酵母、白糖、酸梅粉、油各适量。

🍳 制作方法

① 将一半小米面用开水烫起，晾凉加入剩下的一半小米面、酵母、普通面粉和成面团，盖上保鲜膜发酵。

② 煎饼锅上火、刷油，取一小勺面糊倒煎饼锅凸起的部分上，面糊顺势流下就成一张摊黄的形状了，加煎饼锅盖。

③ 面团发酵好，加入适量水、白糖、酸梅粉搅拌成面糊能挂勺。

④ 小火摊制，听到"哧流"、"哧流"两至三声，开盖翻面烙一下即可。

小提示

小米面摊黄
● 具有防止泛胃、呕吐的功效。

小米青菜钵

原料

小米200克，青菜110克。

调料

水淀粉、食盐、糖、高汤各适量。

制作方法

1. 青菜洗净切碎备用。
2. 小米入锅小火煮熟。
3. 小米捞出沥干备用。
4. 水烧开，青菜过水，一分钟后捞出。
5. 高汤煮开放入小米。
6. 煮开后转小火倒入青菜。
7. 加糖、食盐调味，水淀粉勾芡出锅。

小提示

小米青菜钵
● 解除口臭，减少口中的细菌滋生。

薏米山药粥
● 具有营养头发、防止脱发，并使头发光滑柔软的作用。

薏米山药粥

原料

山药150克，薏米50克，大米40克，枸杞20克。

调料

糖适量。

制作方法

1. 山药去皮、切片备用。
2. 枸杞洗净。
3. 薏米淘洗干净，倒入砂锅。
4. 添适量清水，大火烧开，小火慢煮半小时。
5. 倒入淘好的大米。
6. 倒入准备好的山药、枸杞继续煮至粥黏稠，放点糖即可。

发面油条

 原料

面粉500克。

调料

玉米油50克，食盐2克，酵母粉3克。

制作方法

1. 将面粉放入盆中，加入水、玉米油、食盐、酵母粉和面，发酵20分钟左右。
2. 取出面团，揉匀排气，分割几个小面团。
3. 将一个小面团抻长，再将其擀平，切成均匀段，每两个摞在一起，用筷子压印，轻轻抻长。
4. 放入热油锅炸制，炸至膨胀、色泽金黄，即可捞出控油。
5. 装盘，即可上桌食用。

小提示

发面油条
● 含有蛋白质、脂肪、碳水化合物、维生素及钙、磷、钾等矿物质，是高热量、高油脂的食物。

麻酱烧饼

🥘 原料

普通面粉500克，麻酱50克。

🍴 调料

孜然粉、茴香粉各2克，花椒盐、熟芝麻、色拉油、酵母粉各适量。

🍳 制作方法

1. 普通面粉放酵母粉，用温水和面饧15分钟。
2. 麻酱倒入碗中，用少许色拉油拌匀，放2克茴香粉和2克孜然粉，再放一点点花椒盐拌匀。
3. 面饧好，放入麻酱料抹均匀。
4. 用擀面杖擀薄点，从一边开始卷起，卷好挤出剂子，两边叠加包圆形，圆饼做好。
5. 抹上淡盐水粘芝麻，起固定芝麻作用。
6. 把麻酱饼的一面撒上芝麻。
7. 锅底放油，生烧饼坯先烙芝麻这面，翻另一面烙好入烤箱210℃烤5分钟。
8. 出炉装盘可以享用香喷喷的麻酱烧饼。

小提示

麻酱烧饼
● 具有浓郁的香气，可促进食欲，更有利于营养成分的吸收。其中含量近70%的维生素E具有优异的抗氧化作用，可以保肝护心、延缓衰老。

拔丝红薯

 原料

红薯500克，鸡蛋1个约60克。

调料

白糖100克，干淀粉、面粉各适量。

 制作方法

1. 红薯洗净，削去外皮，切成滚刀块；鸡蛋打入碗内，加适量水调匀。加面粉、淀粉调成稀糊，将红薯块放入拌匀。

2. 锅置火上，下油，小火烧至四成热，将红薯块逐个放入油中炸透后捞出。转大火将油烧至八成热。将薯块回锅。炸至金黄色，皮脆里软时关火捞出。

3. 将油倒出大部分，留少许在锅内，烧热后下白糖，不停翻炒至糖化开，等糖全部融化并冒黄色小泡时关火，将炸好的红薯放入，洒少许凉水，翻炒几下，即可起锅倒入预先抹好油的盘中。

小提示

拔丝红薯
- 含有大量膳食纤维，在肠道内无法被消化吸收，能刺激肠道，增强蠕动，通便排毒，尤其对老年性便秘有较好的食疗效果。

原料

南瓜1/2个，大米50克。

调料

白糖150克，冰块少许。

制作方法

1. 大米洗净，加5倍的水，大火烧开，转小火熬半个小时。
2. 南瓜去籽，去皮，切成小丁，放入大米粥中煮10分钟，使南瓜丁变软。
3. 大米南瓜粥晾凉，加入冰块，搅拌均匀即可。
4. 根据自己喜欢的口味可加入白糖。

大米南瓜粥

小提示

大米南瓜粥
● 具有补脾、和胃、清肺功效。

咸蛋黄玉米粒
● 预防心肌炎，维护皮肤健美。

咸蛋黄玉米粒

原料

玉米3个，咸蛋黄3个。

调料

白糖、食盐、松子仁各适量。

制作方法

1. 玉米洗净煮熟，把玉米粒掰下来备用。
2. 咸蛋黄3个上锅蒸熟用勺子压碎。
3. 锅内放少许油，将咸蛋黄放入，调入适量食盐和白糖，小火炒至咸蛋黄冒出细小的泡泡。
4. 将玉米粒放入锅中翻炒，使玉米粒上均匀裹上咸蛋黄，盛盘再撒松子仁即可。

豆沙糯米卷 》

🍲 原料

糯米粉100克，红豆沙140克。

🍴 调料

玉米淀粉、白糖、色拉油、椰蓉各适量。

🥄 制作方法

① 糯米粉、玉米淀粉、白糖、色拉油、水混合搅匀放入容器，蒸20分钟。

② 在案板上铺一层保鲜膜，将稍冷的糯米面团分成两份，挑起一个面团放在保鲜膜上，面团上再铺一层保鲜膜，用擀面杖把面团擀成长方形。

③ 将擀好的面团移开，在案板上洒一层椰蓉，把面团上的保鲜膜撕掉，把面团放在椰蓉上。

④ 在长的那边涂抹上红豆沙，不用涂满。

⑤ 然后用手裹紧就行了，完全不粘。

⑥ 然后切成小段即可，这样先裹椰蓉的方法在卷的时候不粘，放在盘子里也不会粘。另外一个面团同样操作就行了。

⑦ 每个糯米卷都包保鲜膜，就像一个个糖果一样，这样可以保持久一点。过夜仍然会完全变硬，放入微波炉加热十秒钟回软就可以了。

小提示

豆沙糯米卷
● 有补虚、补血、健脾暖胃、止汗等作用。

原料

糯米粉200克，南瓜半颗，熟咸蛋5个。

调料

麦片、粟粉、黄油、炼乳各适量。

制作方法

1. 熟咸蛋去壳取出咸蛋黄，用勺压碎。
2. 黄油用小火溶化，将黄油倒入压碎的咸蛋黄碗中。
3. 将粟粉和炼乳倒入咸蛋黄碗中，搅拌均匀，冷却凝结后即成金沙馅。
4. 南瓜上蒸锅蒸软，用勺子压成泥，分次加入糯米粉。
5. 将南瓜糯米粉和成团，取一小块用手压成汤圆皮，包入金沙馅，捏紧、搓圆。
6. 把包好的汤圆放入碟中待用，水煮沸后倒入汤圆。
7. 煮至浮起来即可捞起，放入冷开水中。
8. 待表皮冷却后捞出汤圆，放入装有麦片的碗中，晃动碗滚满麦片。

小提示

金沙汤圆
- 促进胆汁分泌，免受粗糙食品刺激，加强胃肠蠕动，帮助食物消化。

金沙汤圆

红薯饼

🍲 原料

红薯200克。

🍴 调料

豆沙馅、糯米粉、植物油、椰丝、荠粉、生粉各适量。

🍳 制作方法

1. 红薯隔水蒸熟，并用勺子捻成泥，或用料理机打碎。
2. 荠粉、生粉、糯米粉按照1：1：1的比例混入红薯泥中和匀至能成型。
3. 豆沙馅搓成若干个均匀的小圆球。
4. 手蘸上水，抓一块红薯泥压扁后包入豆沙馅，搓圆后再压扁，两面滚上椰丝。
5. 平底不粘锅中放入少许油，6成热后放入红薯饼，小火两面煎至金黄即可。

> 小提示
>
> 红薯饼
> ● 能有效地阻止糖类变为脂肪，有利于减肥、健美。红薯含有大量膳食纤维，在肠道内无法被消化吸收，能刺激肠道，增强蠕动，通便排毒。

原料

黄豆20克。

 **调料**

白糖适量。

制作方法

① 黄豆洗净后用水浸泡8小时。

② 泡好的黄豆加水至杯三分之二处，用料理机搅拌三分钟左右。

③ 打好的豆浆倒入奶锅内，小火煮20分钟即可。

④ 可根据自己的口味加入白糖。

> **小提示**
>
> 原味豆浆
> ● 有效地增加神经机能，从而促进其活力。

原味豆浆 ▶

红薯丸子 ▶

 原料

红薯3个。

调料

面粉、菜籽油各适量。

制作方法

① 红薯去皮切大片，放入蒸锅中蒸烂。

② 用勺子趁热将红薯捣成泥状。

③ 加入少许面粉拌匀。

④ 搓成大小适中的丸子备用。

⑤ 锅中菜籽油烧至八成热后下入丸子，炸至金黄即可。

> **小提示**
>
> 红薯丸子
> ● 提高免疫力、止血、降糖、解毒等保健功能。

照烧鸡腿饭

🍲 原料

西蓝花1/4个，胡萝卜1/3根，鸡腿1个，白米饭1碗，金针菇1小把，青豆、玉米粒少许。

🍴 调料

油、食盐、香油、料酒、五香粉、生抽、蜂蜜、白糖、耗油、酱油、清水各适量。

🥄 制作方法

1. 西蓝花洗净，切成小朵；胡萝卜去皮、洗净、切成丁；金针菇、青豆、玉米粒洗净，备用。
2. 炒锅内加水煮沸，倒入西蓝花、胡萝卜丁、金针菇、青豆、玉米粒稍煮几分钟，捞出，加食盐、香油拌匀备用。
3. 鸡腿洗净，沥干水分，剔除骨头，用食盐、料酒、少许五香粉腌制鸡腿肉20分钟，用蜂蜜、清水、酱油、白糖、食盐、耗油调兑成照烧酱汁待用。
4. 煎锅热油，放入鸡腿，鸡皮朝下，小火煎熟。
5. 煎时多翻动鸡肉，避免煎煳；煎至金黄，将所有照烧汁料混合，倒入照烧酱汁，中火慢煎，等鸡肉焦黄，转大火收汁，盛出。
6. 将鸡肉切成长条块状，摆入白米饭，搭配蔬菜即可。

> **小提示**
>
> 照烧鸡腿饭
> ● 鸡肉具有温中益气、补精填髓、益五脏、补虚损的功效。

🥣 原料

大枣20个，糯米粉100克。

🍴 调料

白芝麻、蜂蜜、桂花、色拉油各少许。

🥄 制作方法

1. 取红枣适量，个大肉厚为宜。
2. 清水冲洗，然后浸泡3~4小时。
3. 枣皮表面略舒展时，取一把厨房用剪刀，沿着大枣的底部中心位置剪开。
4. 剪开后，用剪子尖挑出枣核，依次按这个方法给其他的大枣去核。
5. 取适量糯米粉，分次加入清水，和成光滑的面团，如果面团黏手不好操作，可在手掌抹少许色拉油再继续。
6. 将和好的糯米面团分成与大枣长短一致的面剂子，大小均匀即可。
7. 取去核的红枣，将面剂子塞入红枣中，用手指将大枣和面团轻轻捏和。
8. 按上述方法依次操作完，放入蒸屉中。冷水入锅，锅开后中火蒸制10分钟左右。
9. 出锅后可直接食用，也可和蜂蜜、桂花、水和白芝麻浇在糯米枣上再食用。

小提示

糯米红枣
● 适用于脾胃虚寒所致的反胃、食欲减少、泄泻和气虚等症。

糯米红枣

青豆蛋炒饭

🍱 原料

米饭200克，鸡蛋2个，青豆100克，米饭1碗。

🍴 调料

大蒜、姜、食盐、生抽、油各适量。

🍲 制作方法

① 将鸡蛋直接打入米饭中。

② 搅拌均匀。

③ 蒜和姜切碎备用。

④ 青豆焯一下水。

⑤ 炒锅倒油，炒香蒜、姜碎。

⑥ 下入米饭翻炒。

⑦ 中小火，边炒边翻，炒到粒粒分明。

⑧ 将米饭推一边，淋一点儿油，下入青豆。

⑨ 加食盐调味，淋少量生抽，翻炒均匀即可出锅。

小提示

青豆蛋炒饭
● 有助于消化，并对脂肪的吸收有促进作用。

原料

大米190克，鸡蛋95克，青菜50克。

调料

食盐1/2勺，油3汤勺，料酒1汤勺。

制作方法

1. 青菜洗净，切段，大米放入电饭锅加入适量的水煮熟。
2. 在鸡蛋中加1汤勺料酒，打成蛋液。
3. 在锅中加入3汤勺油烧热，下入蛋液翻炒成块。
4. 接着，倒入米饭和切好的青菜翻炒。
5. 然后，加1/2勺食盐，调味炒匀即成。

小提示

青菜蛋炒饭
● 可促进皮肤细胞代谢，防止皮肤粗糙及色素沉着，使皮肤亮洁，延缓衰老。

青菜蛋炒饭

老鼠爱大米

🐷 原料

澄面200克，糯米粉300克，枣泥100克，杏仁各适量。

🍴 调料

杏仁片、黑芝麻各适量。

🍳 制作方法

1. 澄面中加入开水揉成团。
2. 糯米粉加入清水揉成团。
3. 将揉成团的澄面和糯米粉混合揉成团。
4. 枣泥中加入碾碎的杏仁。
5. 把混合和好的澄面和糯米粉分成几个小团加入枣泥捏成锥形。
6. 放入蒸锅蒸18份钟。
7. 出锅用杏仁片做老鼠耳朵，用黑芝麻做老鼠眼睛。

小提示

老鼠爱大米
● 能刺激胃液的分泌，有助于消化，并对脂肪的吸收有促进作用，亦能促使奶粉中的酪蛋白形成疏松而又柔软的小凝块，使之容易消化吸收。

Part 6

西式
素食篇

蒜香面包

原料

法式面包1根，法香叶10克。

调料

大蒜、黄油、食盐、黑胡椒碎各适量。

制作方法

1. 大蒜剥去皮，切成碎末，法香叶也切成细碎。在黄油中加入大蒜碎、法香叶碎、食盐、黑胡椒粉，搅拌均匀。
2. 法式面包切成1厘米厚的片，把拌好的黄油均匀地涂在法式面包片上。
3. 放入已提前预热好的烤箱中烤制，180度烤3分钟，直至法式面包表面烤上色，取出码入盘中即可。

小提示

蒜香面包
● 含有丰富的碳水化合物、较少的蛋白质，几乎不含脂肪。

原料

米饭200克，土豆2个，胡萝卜1根。

调料

咖喱粉、葱末、姜末、油、食盐各适量。

制作方法

1. 将土豆和胡萝卜去皮洗净，切块。
2. 油锅烧热，放入葱末、姜末爆香。
3. 放入土豆块、胡萝卜块，翻炒均匀后加入适量开水，没过食材。大火煮沸，转中火煮10分钟，加食盐、咖喱粉搅拌均匀，直至汤汁黏稠，浇在米饭上即可。

土豆咖喱饭

小提示

土豆咖喱饭
● 能宽肠通便，帮助机体及时排泄代谢毒素，防止便秘，预防肠道疾病的发生。

泡菜炒年糕
● 健身祛病，年糕含有蛋白质、钙、磷、钾、镁等营养元素。

原料

年糕150克，辣白菜100克，泡菜汁适量。

调料

洋葱1个，色拉油2汤匙。

制作方法

1. 锅中烧开水，放入年糕煮2分钟，然后连水一起倒入容器中，继续浸泡5分钟，辣白菜和洋葱切丝。
2. 锅里热油，放入洋葱爆香，倒入辣白菜翻炒一会儿。加入沥去水分的年糕继续翻炒。
3. 倒入泡菜汁50克，一直炒至汤汁黏稠即可。

泡菜炒年糕

紫甘蓝沙拉

🥗 原料

紫甘蓝1/2个，生菜、黄椒、红椒各适量。

🍴 调料

沙拉酱、黑胡椒粉各适量。

🥄 制作方法

1. 紫甘蓝、黄椒、红椒切丝，备用。
2. 生菜用手撕开。
3. 将紫甘蓝丝放入开水中焯一下，捞出沥干。
4. 将所有材料加适量的沙拉酱搅拌均匀，撒上黑胡椒粉即可。

小提示

紫甘蓝沙拉
● 有助于机体对脂肪的燃烧，对减肥大有裨益。

水果沙拉
● 具有抑制脑细胞变性、预防痴呆症的作用。

水果沙拉

🥗 原料

酸奶100毫升，火龙果1个，苹果1/2个，橘子1个，西瓜1/3个。

🍴 调料

蜂蜜、沙拉酱各适量。

🥄 制作方法

1. 橘子去皮，掰瓣。
2. 火龙果去皮，切块。
3. 苹果去皮，切块。
4. 西瓜去皮，切块。
5. 将橘子瓣、火龙果块、苹果块、西瓜块放入容器中，依次倒入蜂蜜、酸奶、沙拉酱搅拌均匀即可。

火腿蛋三明治

🍳 原料

去边白吐司4片，鸡蛋1个，火腿片1片。

🍴 调料

食用油适量。

🍶 制作方法

1. 将鸡蛋打散拌匀，用滤网过滤，备用。
2. 锅内刷上少许油，倒入做法1的蛋液，快速转动锅，以小火煎成蛋片，煎2片备用。
3. 火腿片放入沸水中汆烫后取出，备用。
4. 依次按顺序叠上1片吐司、做法2的蛋皮、1片吐司、做法3的火腿片、1片吐司、做法2的蛋皮、1片吐司。
5. 取面包刀斜切成两个三明治即可。

 小提示

火腿蛋三明治
● 有健脾开胃、生津益血、滋肾填精之功效；可用于食疗脾虚少食、久泻久痢、腰腿酸软等症。

日式蛋包饭

🦞 原料

米饭200克，鸡蛋2个，青椒、红椒、黄椒各1个，竹笋、香菇各适量。

🍴 调料

番茄酱2匙，淀粉1/4小匙，黑胡椒粉、油、食盐各适量。

🥄 制作方法

① 香菇用温水浸泡20分钟，切碎。

② 青椒、红椒、黄椒、竹笋切成小丁，备用。

③ 油锅烧热，将以上蔬菜翻炒3分钟。

④ 倒入米饭，翻炒均匀，撒入食盐、黑胡椒粉、淀粉，再次翻炒，盛出备用。

⑤ 另起锅，倒入适量油，轻轻转动锅，使油均匀铺满锅底。

⑥ 鸡蛋打散，将蛋液缓缓倒入锅中，晃动锅，使其均匀铺满，并呈圆形。

⑦ 待蛋皮凝固，将炒好的米饭倒在蛋皮中间，用铲子分别掀起蛋皮的四周，包成长方形。

⑧ 将蛋包饭盛入盘中，淋入番茄酱即可。

小提示

日式蛋包饭
● 适用于脾气虚弱、运化无力所致的脘腹胀满、大便溏泄、食欲不振、肢倦乏力等症。中和胃酸，缓解胃痛。

☺ **原料**

木瓜1个。

🍴 **调料**

沙拉酱适量。

🥄 **制作方法**

1. 木瓜切成两半，把木瓜籽去掉，削皮，切块。
2. 按照原来的样子摆放在盘中，挤上沙拉酱即可。

木瓜沙拉

小提示

木瓜沙拉
● 补充营养，提高抗病能力。

锦绣花寿司
● 对于易上火、患有高血压的人群来说，芦笋能清热利尿，多食有益。

锦绣花寿司

☺ **原料**

香菇3朵，芦笋2根，黄瓜1根，蟹棒2根，海苔半片，原蛋烧1条，虾卵、寿司饭适量，保鲜膜1张，干瓢煮2条，寿司卷帘1个。

🍴 **调料**

盐适量。

🥄 **制作方法**

1. 滚水中加入少许盐溶化，将洗净的芦笋放入氽烫，泡冷水备用。
2. 香菇切丝备用。
3. 蟹棒切成4厘米左右的小段。
4. 黄瓜洗净切成厘3米左右小段。
5. 卷帘上铺一张保鲜膜，摆上海苔，平铺一层寿司饭（1~4步骤食材），把虾卵均匀铺撒在饭上后，将海苔翻面，再平铺一层寿司饭并铺撒虾卵，然后将全部的材料放上，卷成寿司卷即可。

🍳 原料

面包片3片，鸡蛋2个，番茄1个，方形火腿片、生菜叶各适量。

🍴 调料

沙拉酱、食盐各适量。

🍎 制作方法

① 取一片面包，用杯子做模型将面包片压成中空。

② 用食盐水洗净生菜叶；番茄洗净，切片备用。

③ 打开微波炉用高火预热3分钟，放1片面包，再放上一片中空的面包片，将鸡蛋打入中空处，盖上一片火腿，再用一片面包片覆盖，用高火正反面各加热40秒取出。

④ 掀开最上面的面包片，加上生菜叶、番茄片、沙拉酱，对角切成三角形即可。

> 小提示
>
> 火腿沙拉三明治
> ● 具有养胃生津、益肾壮阳、固骨髓、健足力、愈创口等作用。

火腿沙拉三明治

总汇三明治

🦴 原料

吐司3片，火腿2片，鸡蛋2个，西红柿1/2个，小黄瓜1/2根。

🍴 调料

食用油、沙拉酱适量。

🍖 制作方法

1. 小黄瓜洗净切丝，西红柿洗净切成圆片。
2. 取锅，倒入少许油烧热，将鸡蛋打入锅内，压破蛋黄，煎至熟后盛出。
3. 另起锅，倒入少许油烧热，将火腿放入，煎至两面略黄呈酥脆状，盛出。
4. 将吐司放入烤面包机中，烤至两面呈现脆黄状，除了外层的吐司只涂面外，其余吐司的两面皆均匀地涂上沙拉酱备用。
5. 先取1片外层吐司（有沙拉酱的面朝内）将小黄瓜丝、西红柿片放上，叠上另1片做法4的吐司，再放上火腿及蛋，再叠上最后1片吐司，将叠好的3片吐司合拢，以牙签稍做固定，先切去吐司边，再切成4个三角形即可。

小提示

总汇三明治
- 黄瓜中含有的葫芦素C具有提高人体免疫功能的作用。

荠菜蛤蜊炒年糕

🍲 原料

荠菜100克，年糕150克，蛤蜊30克。

🍴 调料

香葱、食盐各适量。

🥄 制作方法

1. 蛤蜊用清水加盐泡半天吐净沙子，荠菜洗净切碎、香葱切碎备用。
2. 冷水和蛤蜊一起下锅，水煮开蛤蜊就起锅，放一边备用。
3. 煮蛤蜊的白汤里加入年糕继续开火煮至水开，捞起备用。
4. 另起锅加一点油爆香葱碎，倒入煮好的年糕，翻炒两下。
5. 再倒入切好的荠菜，加入一点食盐翻炒，再将蛤蜊倒入继续翻炒两下出锅。

小提示

荠菜蛤蜊炒年糕
● 味甘、咸，性微寒。能滋阴生津，软坚散结，利小便。

原料

红洋葱1个，面粉40克，面包糠100克，鸡蛋2个。

调料

油、黑胡椒粉、食盐各适量。

制作方法

1 洋葱洗净，擦去水分切成洋葱圈，加入食盐、黑胡椒粉腌拌2分钟。

2 鸡蛋打散，面粉、面包糠准备好。

3 洋葱圈裹面粉。

4 再蘸满鸡蛋液。

5 最后蘸裹面包糠。

6 锅中油烧至6成热，放入洋葱圈炸制。

7 洋葱圈金黄时捞出，放吸油纸上吸出油分。

法式洋葱圈

⬤ 洋葱性温，味辛甘。有祛痰、利尿、健胃润肠、解毒杀虫等功能，洋葱提取物还具有杀菌作用，可提高胃肠道张力，增加消化道分泌作用。

法式洋葱圈

🍚 原料

芝麻、吐司、草莓、蓝莓、香蕉各适量。

🍴 调料

沙拉酱1小匙。

🥄 制作方法

1. 草莓切块、香蕉切条、蓝莓洗净即可
2. 取一片吐司，把吐司边切掉。
3. 吐司压扁，涂上沙拉酱。
4. 摆上草莓、香蕉、蓝莓，卷起卷。
5. 锅内放黄油，等黄油化了放入卷好的吐司卷，煎至各面微黄即可。
6. 两头也稍微煎一下，撒上芝麻。

小提示

水果吐司卷
● 具有润肺生津、健脾、消暑、解热、利尿、止渴的功效。

水果吐司卷

水果比萨

🐷 **原料**

面粉300克，香蕉1/2根，草莓3个，猕猴桃1个，苹果1个。

🍴 **调料**

干酵母、橄榄油、食盐、白砂糖、奶酪各适量。

🍳 **制作方法**

① 将干酵母、面粉稍微拌匀；再加入橄榄油、食盐、白砂糖揉匀成面团。

② 将面团进行基本发酵约35分钟；待面团体积膨胀为两倍大。

③ 将发酵好的面团擀成圆饼，以手指将边缘按厚，中央用叉子均匀叉出小洞，二次发酵。

④ 将饼底放入抹油的烤盘中，撒上少许奶酪、白糖。

⑤ 将香蕉切片，草莓对半切开，猕猴桃切块，苹果切块，均匀铺在中间。

⑥ 最后把奶酪覆盖在水果丁上。

⑦ 将饼皮移入预热200℃的烤箱中，烘烤约5~8分钟；奶酪表面呈金黄色后即可取出。

小提示

水果比萨
● 它含有的膳食纤维不仅能够降低胆固醇，而且可以帮助消化，防止便秘，清除体内有害代谢物。

🎂 原料

牛奶200克，低筋面粉40克。

🍴 调料

白砂糖80克，奶油芝士200克。

🍢 制作方法

1) 将牛奶、奶油芝士隔水加热软化，搅拌至无颗粒，备用。

2) 将面糊内加入蛋黄搅拌均匀。

3) 筛入低筋面粉搅拌均匀。

4) 蛋清打发成鱼眼泡时将砂糖1/3量倒入，余下的砂糖分2次加入，蛋清搅打成湿性发泡接近干性的程度，即提起搅拌棒蛋白的小尖呈弯钩状。

5) 将打发好的蛋清，取1/3与面糊搅拌均匀，再将余下蛋清分2次与面糊搅拌均匀。

6) 将蛋糕糊倒入模具中，烤箱的烤盘中装放开水水位约1厘米高，提前10分钟135℃预热，模具放中层烘烤70~80分钟，如颜色过浅，单开上管着色，直至颜色满意为止，此时一定要守在烤箱前，颜色好即出炉。

> **小提示**
>
> 芝士蛋糕
> ● 奶酪是乳酸菌及其代谢产物、对人体有一定的保健作用，有利于维持人体肠道内正常菌群的稳定和平衡，可防治便秘和腹泻。

芝士蛋糕